持続可能な酪農をリードするニュージーランド

荒木 和秋 編著

筑波書房

はしがき

　ニュージーランド（NZ）酪農は、2015/16年、今の日本と同じように、危機的な状況に陥った。輸出産業である酪農の乳価は国際価格と連動して暴落したからだ。しかし、そこでは政府の支援はなかった。

　元NZ農業貿易特使のマイク・ピーターセン氏は、「NZの農家一人として政府に助けを求める人はいなかった」。「農家の苦境に対して、地方での強い支援ネットワークが機能し、関連会社は様々な物的提供やサービス料金の引き下げなどの支援を行った」と紹介している。NZ酪農の強靭さは酪農民の自主独立に負うところが大きい。ピーターセン氏は、「（景気が）悪い時にそれに耐え忍ぶような力を蓄え、そして良い時にはまた経営を発展させるというシステムを作りあげている」と、ビジネスの世界に酪農家が存在していることを力説している（第2章）。

　筆者は、NZに関する前著で原田英男氏（当時、農林水産省畜産局畜産経営課）が翻訳した文献（Federated Farmers of NZ『Life After Subsidies』）から以下の内容を抜粋して行財政改革による補助金廃止前後の農家の姿を紹介した。

　「1984年には羊、肉牛農家の粗収入の約40％が補助金であった。1年後にはほとんどすべての補助金がなくなった。NZの農業者は自分たちのやりかたで対処し今日でもそうしている。この10年ほど我が国の農業者はよくやっている。その間の数年間は必死の戦いであったが、今ではNZの農業者は自分たちが成し遂げたことを誇りに思っている。それは、補助金なしで生き残り、干渉なしに自らの努力で自分たちの生活費を稼いでいることだ。彼らの独立心は、農村の人々によって今でもしっかりと守られている。かつて農業者は国内の他部門から嘲笑や羨望をもって取り扱われたものだが、今では尊敬と称賛がある。都市と農村の伝統的な敵意も消えてしまった。」（『世界を制覇するニュージーランド酪農─日本酪農は国際競争に生き残れるか─』）。

2000年代のNZの乳価の大きな下落は08/09、14/15、15/16各年の３度であるが、キロ当たりMS（ミルクソリッド：乳固形分）価格は、2000年代初めの４ドル台から21/22年には９ドルへと順調に上昇してきた。そのため農業補助金の廃止によって保護の厚かっためん羊が衰退し替わって伸長してきたのが酪農である。「NZの畜産はめん羊と乳牛が大きく立場が入れ替わった40年であった」と、立地変動を示している（第１章、第６章）。

　こうしたNZ酪農民の自主独立の強靭さに加え、いくつかの競争力の強さの要因がある。第一に集約放牧という乳牛飼養方式である。牧草を効率的に活用し、また牛が自ら動く力を活用した省力技術である。第二に、通年放牧であることは牛舎などの施設が少ないこと、第三に搾乳施設であるミルキングパーラーが古くから普及することで搾乳労働の省力化が図られてきた。第四に牧草の収穫作業などを受託するコントラクターが全国的に普及しているため農家の機械所有が少ないこと、などによる低コスト酪農が確立している（第６章、10章）。

　放牧地での牛をコントロールし、最大の土地生産性を追求する手段として欠かせないのが電気柵である。NZにおいては1960年代において画期的な電気柵が発明され電気柵の低コスト化が図られ、集約放牧の伸展に貢献した（第７章）。

　さらに乳業の競争力も強化された。NZ政府の指導により、それまで500近くあった乳業会社の統合の歴史に幕が下ろされ2001年にフォンテラ（フォンテラ酪農協同組合）が生まれた。統合によって乳製品工場の大規模化、効率化および研究開発による新商品の開発が進んだ。フォンテラはNZにおいては独占的地位を確立するものの、NZ政府は乳業参入の規制緩和を行い酪農家には生乳販売の自由が認められたことで、海外資本による乳業会社の設立、買収が行われている（第３章）。

　NZの乳業統合に加わらなかった会社も存在する。タツア協同酪農株式会社で、NZでは最も古い乳業会社であるが、タツアは多くの非乳製品を開発、製造しそれらの特許を所有する強みを持っていたからだ。カゼネート、ホエ

イタンパク濃縮物、タンパク加水分解物（ペプチド）、ペプトン、スペシャルプロテイン（ラクトフェリンなど）を使った栄養食品、タンパク強化食品、医療用食品、健康食品、実験用培地、乳フレーバーなど高付加価値商品によって利益を上げている（第4章）。

　NZの生乳生産量は、1970年代の500万kℓから2020年代には2,000万kℓと4倍に拡大するものの、一方では河川の汚染が進んだ。2000年代に入り酪農業界への社会からの批判が強くなったことから、酪農業界では生産者団体、乳業メーカー、政府、地方自治体が協定を結び水質向上の取り組みがNZ全土で行われている。またGHGの原因とされる牛のメタン排出削減の取り組みも行われている（第5章）。

　これまで見てきたようにNZは競争社会ではあるものの、かつての高度福祉国家の制度が機能しSDGsのスコアの中で「質の高い教育」の高い評価にも表れている。国家の産業教育の一部門であるプライマリーITO（第1次産業訓練機構）では農業、畜産、食品加工のあらゆる職業について「誰でも、どこでも、いつでも」教育・訓練ができる仕組みができており、リスキリングの機会が広く国民に与えられている（第8章）。また、他のスコアの「すべての人に健康と福祉を」「ジェンダー平等」も高い。SDGsスコア以外の「腐敗認識度指数」は世界2位であり、NZのクリーンな社会と民主主義の成熟度を示している。国家の持続性についても、政府負債残高対GDP比は指数53（世界ランキング104位）であり、日本の同指数261（1位）と対照的である。持続可能な財政、国家運営が行われている（第1章）。

　そこで、日本の酪農の生産性・収益性を向上させる方法を特定することを目的に、北海道庁の協力のもと、NZ政府、フォンテラ、ファームエイジ社による「ニュージーランド・北海道酪農協力プロジェクト」が2014年からスタートし、NZ方式の放牧技術の導入・指導が行われ実践した酪農家で成果が表れている（第9章）。

　また、シェアミルキングシステムは、新規参入者がたやすく酪農業に従事でき、かつ技術と経営の研鑽を積むことで農場主に到達できるシステムであ

る。後継者不足に悩む日本酪農にとって導入すべきシステムである。また、日本では長らくタブーとされてきた企業（投資会社）の農地取得による酪農参入は南島での酪農の発展に貢献した。今後、離農による耕作放棄地対策の参考になろう（第8章、第10章）。

　酪農の持続可能性を追求する取り組みがフォンテラを中心に進められており、三つの柱である①健康な人々、②健全な環境、③健全なビジネスについて、細かい目標が設定され進捗状況が毎年報告されている。特に環境については「農場環境プラン」の策定により、2025年の農場環境改善計画の全契約酪農家への導入を目標とし、調査・研究、専門家の育成、モデル農家の選定、酪農家への啓蒙活動などが行われている（第3章、第5章、第10章）。

　日本（北海道）は、国際競争はもとより、持続可能性への取り組みも大きな後れを取っている。現在、直面してい酪農危機に加え、これからは環境問題、後継者問題、農地未利用問題、地域社会の衰退など酪農の構造的危機が迫っていることからNZを参考に早急に対策を取るべきであろう。

　なお、本著の第6章、第8章、第10章の中で、農研機構「革新的技術開発・緊急展開事業・水稲作、小麦作、酪農、肥育素牛生産における国際競争力の比較分析に基づく今後の技術開発方向の提示（2016）」の成果を紹介した。

執筆者を代表して

荒木和秋

目 次

第1章

持続可能な社会とニュージーランドの酪農・畜産の展開

荒木　和秋

　この章では、ニュージーランド（以下NZ）の社会、経済の持続可能性について検討し、国の中心産業であるNZ酪農の伸長について概観する。

　国連のグテーレス事務総長は、2023年7月、「地球温暖化は地球沸騰化という一段と深刻な状況に突入したと」警告を発した。GHG（Green House Gas、温室効果ガス）削減の取り組みは、京都議定書（COP3、1997年）を経てパリ協定（COP21、2015年）において平均気温上昇を2度以内（努力目標1.5度以内）に抑える目標が掲げられた。

　GHGの削減は世界が取り組む最大の課題であるが、環境問題を含め人権や教育などの社会問題、経済問題の解決のために2015年に国連で合意されたのが「持続可能な開発目標」（SDGs）である。GHG削減は農業・畜産分野でも責任を負っており、畜産を主要産業とするNZでも最重要課題となっている。そこで、まずNZ社会の持続可能性の取り組みを明らかにし、さらに酪農の持続可能性について検討したい。

第1節　ニュージーランド社会の持続可能性

1．SDGsとNZ

　SDGsは17のゴールと169のターゲット（具体的指標）が設定されている。SDGsの取り組みの進捗度合いなどを点数化した世界ランキングが**表1**である。2023年のランキング1位はフィンランド、2位はスウェーデン、3位はデンマークと北欧の国々が占め、NZは27位（日本は21位）である。2019年は11位であったことから急に順位を下げている。ただ、NZのスコアは78点であり、上位の79〜82点には19か国がひしめき合っていることから、わず

表1　世界のSGDs達成度などのランキングのトップ5か国

ランキング	SDGs達成度	男女平等ランキング	所得格差（ジニ係数）小	平和度指数	腐敗認識指数	幸福度ランキング	政府総債務残高対GDP比
1	フィンランド	アイスランド	スロバキア	アイスランド	デンマーク	フィンランド	日本（261）
2	スウェーデン	ノルウェー	スロベニア	デンマーク	ニュージーランド	デンマーク	ギリシャ（177）
3	デンマーク	フィンランド	ベルギー	アイルランド	フィンランド	アイスランド	エリトリア（164）
4	ドイツ	ニュージーランド	アイスランド	ニュージーランド	ノルウェー	イスラエル	ベネズエラ（158）
5	オーストリア	スウェーデン	チェコ	オーストラリア	シンガポール	オランダ	イタリア（145）
NZ	**27位**	4位	24位	4位	2位	10位	104位（53）
日本	21位	125位	30位	9位	18位	47位	1位（261）
年	2023年	2023年	2020年	2023年	2022年	2023年	2023年
調査機関	国連SDSN	世界経済フォーラム	OECD	経済平和研究所	Transparency Int'l	国連SDSN	IMF

かなスコアの増減で順番が大きく入れ替わることを示している。この順位の決め方は、17のゴールを点数化して決めることになっているが、「達成済み」、「課題が残る」、「重要な課題がある」、「深刻な課題がある」の4段階で評価している。

　NZでスコアが高いのは、「質の高い教育」（スコア94.1）、「すべての人に健康と福祉を」（94.6）、「ジェンダー平等」（91.4）であり、低い項目は、「飢餓をゼロに」（59.5）、「海の豊かさを守ろう」（53.2）、「陸の豊かさを守ろう」（49.0）「つくる責任つかう責任」である[1]。

　NZの高い項目について、SDGsランキング以外でも同様な結果が見られる。「男女平等ランキング」では表1のようにNZは世界4位で（日本は125位）、北欧諸国がトップを占める中にあってNZがトップの一角を占める。NZは1893年に世界で初めて女性参政権を成立させている。1997年にはNZでは女性初のシュプレー首相が誕生し、その後クラーク首相、2023年に退任したアーダーン首相と、この20年余りで3人の女性首相が登場していることが、男女平等ランキングに表れていると言えよう（チャップマン 2021）。

　こうした要因の総括的項目である幸福度ランキングの結果に基づき、国連

の持続開発ソリューションネットワーク（SDSN）が発表するランキングではNZは世界で10位であり（日本47位）、北欧やEU諸国と肩を並べる[2]。幸福度の尺度である「1人当たりGDP」、「社会的支援」、「健康寿命」、「汚職の少なさ」、「寛容さ」、「人生選択の自由度」などは社会的な規範やモラルのレベル、民主主義の成熟度が反映している。事実、NZの腐敗認識度指数では世界2位であり、NZが極めてクリーンな社会であることがわかる（日本は18位）。また、平和度指数ランキングは世界4位で安全な社会であることが分かる（日本は9位）[3]。

2．高度福祉国家を実現と行財政改革の断行

　このようにNZは世界で最も民主主義が発展した国の一つである。NZはもともと英国の植民地であったが、英国の中産階級が理想国家をめざして移住して社会建設を行った。そこに大きな影響を与えたのが、ウェッブ夫妻が主導した「フェビアン社会主義」と言われる。そのため、先住民であるマオリ人との間での戦争はあったものの、国際法に則ったワイタンギ条約が1880年に結ばれ、マオリ人と英国人が対等に共存する国家の建設が模索されてきた（佐島 2012）。

　理想国家をめざしたNZは、早くから社会保障が充実し世界から注目を集めてきた。それを支えてきたのは豊かな経済であった。NZはイギリス連邦の一員として英国への農産物の優占的販売権を有していたからである。しかし、1967、68年にNZの産業の中心であった羊毛の国際価格の暴落、1973年に英国がECに加入することでその特権を失った。そこで、対応策として農業保護政策を強化したものの、1973、79年のオイルショックやその打開策としたエネルギー部門の国家プロジェクトの失敗などにより国家財政は急速に悪化した。

　そのため、長年国政を担ってきた国民党政権に代わって1984年に登場したのが労働党政権で、ロジャー蔵相が打ち出した大胆な改革（ロジャーノミックス）により、規制緩和などの経済改革による市場経済重視の経済システム

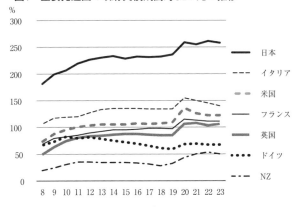

図1　主要先進国の政府負債残高対GDP比の推移

資料：IMF「World Economic Outlook」

への転換が図られた。GST（消費税）の導入、国営企業の民営化、中央省庁
の統合や縮小、農業補助金や価格支持政策の廃止などが行われた。これらの
経済改革は1990年から交代した国民党政権にも引き継がれ、さらに労働政策、
財政健全化政策の改革が行われた（広瀬 2020）。

　NZの行政改革の特徴は、自由主義・競争主義・市場主義として米国のレー
ガノミックスや英国のサッチャリズムと共通するものがあるものの、NZは
それまでの高度福祉国家の流れもあり、米国や英国の行政改革と違った改革
であると言われている。しかし、行政改革は聖域であった福祉政策にもおよ
び、また農業分野でも補助金が廃止された（岡田 1998）。

　NZの行政改革の中心は財政改革であり、世界で最も早く公的部門の財務
諸表を連結する政府全体財務諸表（WGA：Whole of Government Accounts）
を導入した（大森 2012）。財政規律を向上させて財政の持続可能性を図ろう
としたことは将来の世代の生活を見据えたNZの健全性を示す典型的な事例
であろう。

　大胆な行財政改革によってNZの財政は健全化した。**表1**にみる世界ラン
キングの中に国の借金である「政府総債務残高対GDP比」がある[4]。2023年
にはNZはこの指数が53であり世界ランキングでは104位であり低い位置にあ

る。これと対照的なのが日本で261（１位）である。財政の持続可能性という観点からみると、NZと日本は対照的な位置にある。

第2節　世界とNZの酪農と畜産

1．世界の酪農・畜産の動向

　世界の酪農・畜産のなかでNZはどのような位置にあるのであろうか。酪農は二つの生産過程から成り立っている。一つは飼料生産を行う土地利用方式、他は家畜を飼う家畜飼養方式である。この二つの組み合わせで畜産は成り立っているものの、近年畜産は土地から離れ、飼料基盤を有さない家畜飼養方式のみの工場式畜産が急増し、世界の生乳生産、食肉生産の急拡大へ大きく寄与している。生乳は1960年の3.1億トンから、2020年には9.1億トンへ、食肉は1970年の５千６百万トンから2020年の１億８千万トンへとそれぞれ３倍近い拡大を遂げている。生乳生産で拡大している国が、**図２**にみるようにアメリカ、インド、中国、NZで、日本やEU、ロシアは停滞している。ただ、インドについてはFAOとUSDAの統計が大きく違っており、FAOの統計で

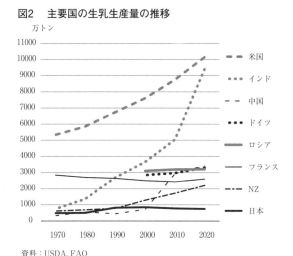

図2　主要国の生乳生産量の推移

資料：USDA, FAO

はインドがアメリカを大きく上回っている。

　アメリカや中国で生産が拡大している背景として、工場式畜産（CAFO：Concentrated Animal Feeding Operations）の急増がある。工場式畜産は大規模畜舎の中で密飼いを行い、生産性を高めるため濃厚飼料を多給する。また、家畜に動くエネルギーを使わせないため放牧や運動を行わせないことから、家畜にストレスが溜まり病気の原因となる。その予防として抗生物質が使われる。また、家畜の成長を早めるため成長ホルモンが使われるものの、ガン発生の危険性を有するためEUはアメリカ産牛肉の輸入を禁止している。

　CAFOは環境問題を深刻化させている。大量のふん尿の排出による地下水や河川および海洋の水質汚染や硝酸態窒素による土壌汚染の原因となっている。また、飼料生産のための化学肥料、殺虫剤、除草剤、土壌消毒用燻蒸剤などの散布による大気汚染等によって地域住民の健康問題を引き起こしている。さらに農場の大規模化は物価変動による経営の不安定化をもたらし経営破綻をもたらしている。こうした世界の工場式畜産の現状に関して詳細なルポや報告、論文が出されているが、代表的な著作に『ファーマゲドン』（日経BP 2015）と『動物工場』（緑風出版 2016）がある。ファーマゲドンは、ファームとアルマゲドンの合成語で、「農業がもたらす世界の破滅」という意味である。「消費者への安い肉の供給を可能にしているのは、地球と世界の貧困層の負担によるもので、生態系も健康も地球資源も荒廃する」と糾弾している。工場式畜産はSDGsとは相反する家畜の飼養方式である（リンベリー他 2015）。

　CAFOと対置するのが放牧酪農、放牧畜産である。放牧の意義は、第一に牛自らが動くことで化石エネルギーの使用を少なくすること、第二に放牧草の利用により穀物（輸入）を削減できること、第三に家畜が自由に動けることでストレスの軽減ができ、家畜の健康を保てること、放牧はアニマルウェルフェアそのものである。第四に労働力の投入を低減しコスト低減を可能にする、などのメリットがある。こうした放牧酪農を実践しているのがNZである。

２．世界の政府と業界の畜産での環境対策

（１）各国政府の地球温暖化対策

　地球の深刻な温暖化を受けて、世界各国は大きく変わろうとしている。ここではalic『畜産の情報』誌2023年３月号の特集記事を紹介する。**表２**にみるように、EUは「欧州グリーン・ディール」を打ち出し、その中で農業に関する政策として①ファームtoフォーク戦略、②Fit for 55（気候変動）、③生物多様性戦略が掲げられた。①に関しては、農薬、肥料、抗菌性物質の50％減、全農地の25％を有機農業への転換、②に関してはCO2排出量を対1990年比55％削減、という政策を打ち出している（平石 2023）。

　一方、米国は、2021年１月にバイデン大統領就任に伴いパリ協定への復帰を果たし温暖化対策の国際ルール順守をリードするようになった。米国は2020年にはGHG総排出量は約60億トンCO2換算で、そのうち農業分野は約５億トンで全体の約10％を占め、その大半がメタンと亜酸化窒素である。米国は21年４月に2030年までに05年比でGHG排出量を50〜52％、メタン排出

表２　世界の持続可能な農業・畜産業の取り組み

政策	EU（27カ国）	USA	ニュージーランド
国の政策	欧州グリーン・ディール（19.12）	国際的イニシアチブ（パリ協定復帰・気候サミット・グローバル・メタン・プレッジ）	気候変動対応（ゼロ・カーボン）改正法 2019
うち農業に関係の政策	①F2F戦略（20） ②Fit for 55（気候変動） ③生物多様性戦略	①AIM4C（気候変動対応農業イノベーションミッション） ②P2DNZ（酪農ネット・ゼロへの道） ③米国メタン排出量削減行動計画（21.12）	ヘ・ワカ・エケ・ノア第１次産業気候変動パートナーシップ
畜産分野の具体策（2030年目標）	→①農薬、肥料、抗菌性物質の50％減 →①全農地の25％を有機農業 →②CO₂排出量55％削減（1990年比） →自然回復法、森林破壊防止の法	→③メタン発生源のスラリー削減、嫌気性糞尿処理 システムからのメタン回収、再利用、分解技術の開発 →放牧管理、肥料効率利用→メタン排出量削減 →③バイオガス産業拡大→省庁間協力、研究開発	全農場でのGHG排出量把握（22年末） GHG排出量の計算・報告システム（23年末） GHG量測定・管理計画書作成（24末） GHG関連システムの全農場で使用（24末）

資料：alic『畜産の情報』2023.3 から筆者作成

量を30%、それぞれ削減することを発表した。「気候変動に対応した農業イノベーションミッション」や「酪農ネット・ゼロへの道」などの農業関連気候変動対策の国際的イニシアチブを主導するとともに、国内では「米国メタン排出量削減行動計画」が取り組まれている（岡田 2023）。

　こうした世界情勢の中、NZでは農業（畜産）が国全体のGHG排出量の48％を占め、そのうちメタンが大部分を占める。乳用牛と肉牛のGHG排出量は20/21年で約2千万トンである。そこでNZ政府は「気候変動対応（ゼロ・カーボン）改正法2019」において、2017年比で30年までにメタン排出量の10％削減と50年までに24 〜 47％削減を打ち出し、気候変動対策においても「ヘ・ワカ・ノア（われわれは皆、一緒にいる：マオリの諺）第一次産業気候変動パートナーシップ」でGHG排出量の把握システムへの取り組みが開始されている一方、2025年から農業によるGHG排出に農家レベルの課税導入が計画されている（赤松 2023）。

（2）酪農業界の温暖化に対する取り組み

　政府のGHG排出削減対策を受けて各国の産業界も取り組みを始めている（**表3**）。酪農乳業界のSDGsの取り組みは、2016年にFAOと国際酪農連盟の間で調印された「酪農乳業界のロッテルダム宣言」において2030年に向けた取り組みが謳われている。米国では2008年に設立された酪農イノベーションセンターが取り組みを推進している。同センターは、全米生乳者連盟、国際乳食品協会、デイリー・マネジメント・インクなど550以上の企業・団体が参加し、①持続可能な栄養、②アニマルケア、③環境スチュワードシップ、④食品安全、⑤地域社会の重点項目が取り組まれている。特に③に関しては18年から始めた「米国酪農スチュワードシップ・コミットメント」に22年11月時点で生乳生産量の75％を占める生産者と乳業メーカーが参加し、GHG排出削減、水利用の最適化、ふん尿と栄養塩（無機塩類）の適切利用による水質改善が目標として掲げられている（岡田 2023）。

　一方、EUにおいては各国の産業界が独自に取り組んでいる。オランダで

表3　世界の酪農業界の持続的酪農への取り組み

組織	USA （酪農イノベーションセンター）	オランダ （オランダ乳業協会）	ニュージーランド （「Dairy Tomorrow」）
取組名	米国酪農スチュワードシップコミットメント（2018）	「持続可能な酪農乳業チェーン」	酪農業戦略 2017-2025
内容	1．酪農イノベーションセンターの重点項目 ①持続可能な栄養 ②アニマルケア ③環境スチュワードシップ ④食品安全 ⑤地域社会 ③→ネット・ゼロ・イニシアチブ（農場行動戦略）酪農カーボン・オフセット ③→FARM環境スチュワードシップ・プログラム	1．気候に影響を与えない開発 2．アニマルウェルフェアの継続的改善 3．放牧の維持 4．生物多様性と環境の保護	1．次世代のために環境を守り育てる 2．国際競争力と回復力のある農業界構築 3．最高の品質と価値ある乳製品の生産 4．農場の家畜管理で世界をリード 5．優秀な労働力へのより良い労働環境構築 6．活発で豊かな地域社会の発展を支援

資料：alic「米国における持続可能な酪農・肉用牛生産に向けた取り組みについて」、「豪州および NZ の畜産業界における持続可能性」、「オランダ酪農乳業の現状と持続可能性への取組み」から筆者作成。

はその中でオランダ乳業協会が中心となり、「持続可能な酪農乳業チェーン」を取組目標として、GHGガス削減を柱とする「気候に影響されない開発」、乳牛の平均寿命6か月延長や抗生物質使用制限などの「アニマルウェルフェアの継続的な改善」、「年間120日間以上、1日6時間以上の放牧の維持」、「生物多様性と環境の保護」が推進されている（大内田 2020）。

　NZでは、DairyNZ、農民連合、ニュージーランド乳業協会、酪農女性ネットワークによって設立された「Dairy Tomorrow」によって、①次世代のための環境保全、②国際競争力、回復力のある乳業の構築、③最高品質の乳製品生産、④家畜の最善の管理、⑤酪農労働者の最善の労働環境の構築、⑥活発で豊かな地域社会の発展への支援、について取り組まれている（赤松2023）。

第3節　ニュージーランド農業の概観と酪農の伸展

1．NZの地勢と農業の概観

　NZは南半球の南緯35度から46度に位置し、丁度、赤道を挟んで日本と正

反対の緯度に位置する。しかし、暖流の影響で温暖であり、北島の平均気温は約15度、南島は10度である。降雨量は北島が1,000～1,200mm、南島東部および北部の農業地帯は600～1,000mmであることから農業や牧畜が展開している。NZの地域区分は**図3**にみるように北島9地域、南島7地域であり、それぞれの地域で農業の特徴がある。

図3　NZの行政区分

資料：alic作成
注：酪農が盛んな地方を色づけ

　表4にみるように北島では、ワイカトが酪農・めん羊、ホークスベイはリンゴ、カボチャ（スクウォッシュ）、ベイ・オブ・プレンティがキウイフルーツ、マナワツ・ワンガヌイがめん羊である。南島では、マルボーロがワイン用ブドウ、カンタベリーがめん羊、酪農、小麦、大麦、馬鈴薯、オタゴ、サウスランドがめん羊である。

2．NZにおける畜産の立地変動

　NZの畜産の立地はこの40年間で大きく変貌した。**図4**は乳牛（単位百頭）、肉牛（同百頭）、めん羊（同千頭）の頭数の北島と南島の推移をみたものである。大きな動きは、酪農の伸展とめん羊飼養の衰退である。北島のめん羊は、1981年には3,699万頭であったものが、2019年には1,317万頭とほぼ3分の1に激減している。同様に南島のめん羊も3,289万頭から1,366万頭へと6割近く減少している。これとは対照的に、北島の乳牛は同期間において269万頭から382万頭へ4割増加し、南島の乳牛も23万頭から244万頭へと10倍以上に急増している。肉牛は北島では400万頭から271万頭へ3割減少し、南島

表4　NZ農業の現況（2019年6月）

地区		畜産（千頭）				畑作（ha）			果樹（ha）			野菜（ha）		
		めん羊	乳牛	肉牛	鹿	小麦	大麦	トウモロコシ	リンゴ	キウイフルーツ	ワイン用ブドウ	タマネギ	馬鈴薯	カボチャ
北島	ノースランド	278	335	382	S	S	S	S	S	600	60	-	110	10
	オークランド	S	124	118	9	S	200	300	80	710	300	1,750	1,480	110
	ワイカト	1,524	1,823	547	67	-	400	3,300	110	620	S	1,520	1,690	10
	ベイ・オブ・プレンティ	238	318	107	S	S	S	2,600	50	11,790	30	-	-	-
	ギスボン	1,380	S	254	S	-	-	2,700	280	320	1,230	-	-	2,280
	ホークスベイ	2,876	78	449	61	600	1,700	2,600	5,850	150	3,770	930	70	4,310
	タラナキ	442	587	125	3	S	100	S	S	-	S	S	40	-
	マナワツ・ワンガヌイ	4,791	468	575	51	S	S	S	S	220	30	140	S	10
	ウェリントン	1,434	83	150	8	S	S	400	100	60	820	S	S	10
	小計	13,167	3,822	2,707	245	S	S	15,600	6,520	14,460	6,280	4,380	4,650	6,740
南島	タスマン	234	65	37	6	S	S	100	2,420	450	860	80	10	20
	ネルソン	27	S	2	-	-	-	S	S	S	10	-	-	-
	マルボーロ	518	18	64	6	-	500	100	20	S	26,090	60	-	-
	ウェストコースト	21	153	31	23	-	-	-	-	-	S	-	-	-
	カンタベリー	4,573	1,213	525	248	36,000	36,700	100	250	S	1,450	1,400	5,380	20
	オタゴ	4,888	353	325	121	S	5,500	-	540	S	1,250	-	140	-
	サウスランド	3,327	636	192	162	4,300	5,500	S	S	S	S	1,540	S	-
	小計	13,655	2,439	1,183	566	42,700	48,300	S	3,240	460	29,690	5,920	5,670	40
合計		26,822	6,261	3,890	810	45,000	55,500	16,700	9,760	14,920	35,970	5,920	10,320	6,780

資料：「Agricultural Production Statistics：June 2019」
注：果樹，野菜は5千ヘクタール以下の作物は省略した。

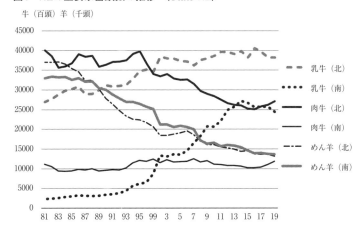

図4　NZの主要家畜頭数の推移　（Stats NZ）

牛（百頭）羊（千頭）

凡例：
乳牛（北）
乳牛（南）
肉牛（北）
肉牛（南）
めん羊（北）
めん羊（南）

では111万頭から118万頭へと微増である。従って、NZの畜産はめん羊と乳牛が大きく立場が入れ替わった40年であると言えよう。

3．酪農の伸展

　NZの酪農は1990年代以降、急速な成長を遂げてきた。NZでは全国一斉に分娩が春先の８月上旬に始まり生乳生産がスタートし翌年の秋の４月下旬に終了する。そのため生乳生産の統計は年をまたぐことになる

　生乳生産の動きを見たのが図５であり、70年代は50億ℓ（500万kℓ）、80年代は60億ℓ（600万kℓ）で推移していたが、96/97年は100億ℓ（1,000万kℓ）を超え、2000年代にはいると２〜３年毎に10億ℓ（100万kℓ）の増加のペースで13/14年には200億ℓ（2,000万kℓ）を突破する（Dairy Statistics）。しかし、その後15/16年以降は生乳生産量の伸びに陰りがみられ、同年の209億ℓから21/22年は217億ℓ（2,170万kℓ）と3.8％の伸びになっている。一方、牛群（農場）数は年々減少の一途を辿り、85/86年の15,753から21/22年には10,796と35年間で約70％の水準になっている。

　生乳生産量＝乳牛頭数×１頭当たり乳量である。NZの乳牛頭数は、

12

85/86年は232万頭であったが、21/22年には484万頭と倍増している。一方、1頭当たり乳量はデータが存在する03/04年の3,737kgから21/22年の4,291kgへと16年間で15％増加しており、もっぱら頭数増によって生乳生産量の増大がもたらされたといえよう。これは、NZの酪農は草地型酪農であり、放牧草を基礎飼料とするためである[5]。

一方、農地面積は同期間において85/86年の101万haから21/22年の170万ha、約70％増加しているものの、17/18年の176万haをピークに減少に転じ

図5　NZの生乳生産量と農場数の推移

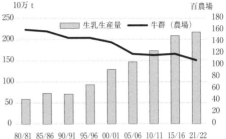

資料：NZ　Dairy　Statistic

図6　乳牛頭数と農地面積の推移

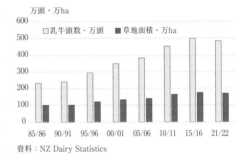

資料：NZ Dairy Statistics

ており、農地開発が限界に達していることを示している（**図6**）。21/22年の1農場の乳牛頭数は449頭、農地面積は158haであり、85/86年の147頭、64haから規模拡大が進んでいることから、1ha当たり乳牛飼養頭数（ストッキングレート）は、85/86年の2.3頭から21/22年の2.85頭へと増大している。頭数の伸びに農地面積の伸びが追いついていないためである。そのため、NZにおける放牧技術が進展する一方、飼養密度の増大による環境問題が顕在化している。

NZの酪農経営の展開と現状については第6章で詳しく紹介する。

（この章の一部は、荒木「ニュージーランド酪農の強い国際競争力の理由『農業』2021.4に掲載したものである）

注

1）https//www.reuters.com>embeds>ranking）
2）世界幸福度調査（World Happiness Report）
3）https://yamatogokoro.jp>inbound_data,globalnote.jp/post-3913.html
4）globalnote.jp/post-12146.html
5）New Zealand Dairy Statistics 2021-22 LIC DairyNZ

引用文献

〔1〕赤松大暢（2023）「豪州およびニュージーランドの畜産業における持続可能性」alic『畜産の情報』2023.3
〔2〕荒木和秋（2003）『世界を制覇するニュージーランド酪農—日本酪農は国際0争に生き残れるか—』デーリィマン社
〔3〕荒木和秋（2016）「水稲作、小麦作、酪農、肥育素牛生産における国際競争力の比較分析に基づく今後の技術開発方向の提示」国立研究開発法人農業・食品産業技術総合研究機構
〔4〕荒木和秋（2020）「SDGs時代の新たな酪農の方向」『畜産の情報』農畜産業振興機構
〔5〕大内田一弘（2020）「オランダ酪農乳業の現状と持続可能性（サステナビリティ）への取り組み〜EU最大の乳製品輸出国の動向〜」alic『畜産の情報』2020年1月
〔6〕大森　明（2012）（「財政全体財務諸表の財政規律への活用可能性」『会計検査研究（45)』会計検査院）
〔7〕岡田卓也（2023）「米国における持続可能な酪農・肉用牛生産に向けた取り組みについて」alic『畜産の情報』2023.3
〔8〕岡田良徳（1998）「世界を驚かせた行政改革」日本ニュージーランド学会編『ニュージーランド入門』慶應義塾大学出版会
〔9〕斎藤康博他（2020）「酪農大国ニュージーランドの乳業ビジネスの考察」、『産研論集47号』、関西学院大学 2020
〔10〕佐島　直（2012）「変化するニュージーランド：「改革」の光と影」社会関係資本研究論集　第3号 2012
〔11〕マンデリン・チャップマン（2021）、西田佳子訳『ニュージーランド　アーダーン首相』集英社インターナショナル
〔12〕平石康久（2023）「欧州グリーン・ディール下で進められる農業・畜産業に影響する各種政策」alic『畜産の情報』2023.3)
〔13〕広瀬憲三（2020）「経済改革とニュージーランド経済」『産研論集47号』関西学院大学
〔14〕フィリップ・リンベリー、イザベル・オークショット（2015）『ファーマゲドン』日経BP

第2章

競争力と収益力を高めるニュージーランド農業の経験と展望
～強い農業はいかにつくられたか～

マイク・ピーターセン　Mike Petersen

　世界の人口は90億人に膨らみつつある。また、中産階級が急速に増えており、特にアジア太平洋地域での成長が著しい。そのため、都市化が進んで農業に使える土地が段々少なくなっており、効率的に安全な食料を生産することが非常に大切になっている。そうした世界情勢の中で、ニュージーランド（以下NZ）が果たす役割は何か紹介する。

　本章は、2017年10月に酪農学園大学で行った講演をまとめたものである。そのため文中の統計数値は当時のものである（訳：ロイド久美子、構成：荒木和秋）。

第1節　ニュージーランドの農業と世界貿易

1．世界の食料供給を担うニュージーラン農業

　NZの人口はたったの480万人であるが、羊の数は人口よりもはるかに多く2,800万頭である。NZは、北島、南島という二つの大きな島と、その他の小さな島々からなっており日本と非常に似ている。日本と比べて違うのは、NZは温暖な気候のため、年間を通じて牧草を育てることがで

表1　NZ食料の世界生産、貿易に占める割合

生産物	世界の生産量に占める比率	世界の貿易量に占める比率	NZ国内生産量の輸出量の比率
乳製品	3%	25%	90-95%
牛肉	1%	8%	82%
羊肉	3%	49%	87%
羊毛	14%	27%	98%
鹿肉	n/a	50%	65%
キウイフルーツ	21%	32%	93%
ピプフルーツ※	1%	5%	65%
ワイン	0.5%	2%	70%
魚類	0.3%	1%	73%
丸材（針葉樹）	2.3%	14%	75%

注：ピプフルーツ：リンゴ・ナシ・オレンジ・ぶどう
　　などの果実乳製品貿易シェアは2018年FAO統計

15

きることから、家畜は外で放牧されている。このことは世界の他の農業国と比較して有利なNZの特徴である。

　表1は、NZ農業の主要な部門が、世界の生産および貿易に占める割合、国内生産における輸出比率を示している。酪農の生産量は世界でわずか３％であるものの、乳製品の世界貿易の25％を占めている。それは、NZは人口が少ないため、農業生産の90％以上を輸出しているからである。私が世界を旅行して訪問国の方々に誤解されるのは、NZが酪農王国と言われていることから生乳生産量が世界でも最も多いのではないかと思われるが、そうではない。羊肉を見ても同じことが言える。

　農業はNZの最大の産業である。年間の輸出総額は260億USドル（約２兆９千億円）である。非常に重要な点は、人口は480万人であるが、世界の4,000万人を養うために必要な食物の生産を行っているということである。このことは、農産物の９割を世界に輸出することができることを意味している。NZの商品貿易において一番大きなセクターは酪農分野で、全体の1/3を占めている。

２．ニュージーランド農業の概要

　NZの土地利用は、国土のほぼ半分が草地と耕作地となっており、他は自然林、森林で非常に自然が豊かな国である。同じ南半球にある南アメリカの国々と比べて違うのは、すでに耕作地や草地が最大限に利用されていることである。そのため、これ以上、農業生産を増やしていくための土地の余裕はない。

　NZの牧畜産業を概観すると、羊が2,850万頭、肉牛が380万頭、乳牛が650万頭、鹿が110万頭である。急速に発展している園芸は、リンゴが9,500ha、キウイフルーツが１万5,000ha、ワイン用ぶどうが3,500haである。穀物などを生産する耕種農業は、大麦が６万5,700ha、小麦が５万4,800haと少ないため、鶏や豚は少なくなっている。さらに、日本と同じように海岸線が非常に長いので、水産業も国にとって大事な部門となっている。次に部門別に詳し

く見てみる。

（1）牧畜産業

　これらの牧畜産業の生産物は加工して輸出される。1万2,000の酪農場（平均規模は搾乳牛400頭）から生産される生乳は、11の乳製品加工会社で加工され輸出され、年間輸出額は100億US$（1兆1,000億円）である。酪農民自身が所有する協同組合であるのフォンテラ社は、84％の市場シェアを占めている（2001年から12％の市場シェアが低下）。NZは、世界有数の酪農製品輸出国であり、特に世界最大の全粉乳（ホールミルクパウダー）輸出国であるため食の安全、そしてトレーサビリティ、衛生管理については細心の注意を払っている。

　次に食肉の生産、加工、輸出であるが、肉牛、めん羊牧場は1万2,500あり（平均面積規模は420ha）、また14の加工輸出企業がある。年間輸出額は60億US$（6,600億円）である。トップの4つの会社で生産額の75％を占め、それらの加工場では、世界でも最先端の加工技術が駆使され、製品開発が行われている。さらに、非常に厳しい食の安全とトレーサビリティ管理が行われている。

（2）園芸

　園芸部門は急速に発展し、46億NZ$（3,556億円）の輸出額になっている。75％をキウイフルーツ、ワインそしてリンゴが占めている。園芸業界では絶え間なく革新的な研究が行われ、新しい品種や技術開発が行われてきた。

　NZは島国で他国から隔離されていることから、病気や有害生物の発生率が非常に少ないという利点がある。またNZが特に強い分野が、クールストレージ（冷蔵技術）で、世界中に商品を送っているため、保存期間や賞味期限を長くするための最新の技術が開発されている。

第2節　ニュージーランドの農業改革と意識改革

1．農業分野での改革

　NZの農業の成長の話をする時に欠かせないのは、国による行政改革である。これは今から30年前に行われた。1985年にNZ政府は農家への補助金を全て撤廃した。これは一夜にして起こったわけで、農家にとっては非常に困難な大激変となった。今ではNZは世界で最も農家に対する補助が少ない国になっている。このことは**図1**のOECDの指標であるPSE（生産者支持推定量）で示されている。しかし、**図2**にみるように70年代、80年代において、

図1　OECDの農業におけるPSEの各国比較

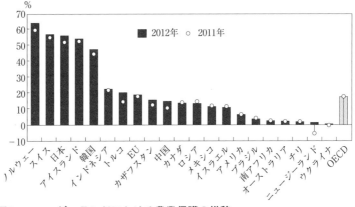

図2　ニュージーランドにおける農業保護の推移

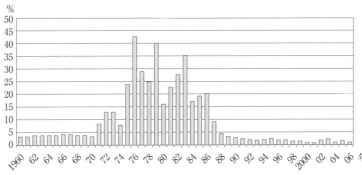

図3　補助金撤廃による飛躍的な生産性の向上

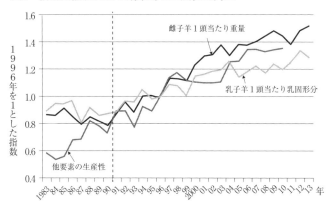

NZは最も補助の多い国であり、政府からのたくさんの支援があった。

　ここで大事な点は、この補助金をなくしたことで、NZの農業は最も効率
の高い、イノベーションのある分野に変わってきたということである。こう
した状況の大変化が起こったものの、それに対してNZの農家は短期間で適
応することができた。

　「変わる」ということが、農業にとって非常に大事なことだったのである。
図3は、NZの農業の生産性すなわち効率性を示したものであるが、年々高
くなっている。かつて1990年までは、酪農分野（90年約300万頭）でも、羊
肉の分野（90年5,800万頭）でも生産性は横ばいであった。しかし、85年に
改革が断行されて5年たって、市場で効果が出始めたのが90年である。90年
を境目にして、その生産性（効率性）が2つの分野において向上したのが明
確である。2015年においては羊肉の生産量はマイナス8％とやや減少してい
るが、この数字は25年前に比べて約半分の羊の頭数によって生産されている。
これは羊農家の人たちが、頭数ではなく生産量の方が大事であると気付いた
からで、具体的には分娩率の改善が100％から120％に向上し、また枝肉重も
一頭につき5kgほどの増体が改善されたことによる。

2．ビジネスに変貌したニュージーランド農業

　NZでは、改革後は農業も園芸も全てビジネスとして営農が行われてきた。私たち農場の収益は全て国内外の市場からの売り上げのみとなっており、農業というビジネスを行うために下す決定事項は市場の声を聞いてからである。決して、政府から言われたことをするのではなく、物が売れるかどうかは消費者が求める価格と品質を提供しているかによる。そのため、生産が効率的に行われているか、そして収入が上がっているかということと同時に、持続可能かということも非常に重要になってきている。

　NZの農場は、規模は大きくなって数は減少してきているが、基本的には日本と同じように家族経営が農業の中心的な部分を占めている。しかし、家族経営の農業でも、それぞれビジネスとしてプロフェッショナルな管理と統治によって農場運営が行われている。

　近年、畜産が生産できる農地は限界に近づきつつある。そこで私たちがフォーカスしているのは、農畜産物の価値をいかに高めるか、そして収益性を上げていくかということに尽きる。一方、農業が環境へ与える影響についても最近大いに議論されており、農業生産を行う上での重要な側面となっている。例えば、水質、水の配分、（肥料）栄養の管理などにおいて環境に配慮した管理をすることが必要とされるようになった。

3．農業補助金廃止で誰がリードしたのか

　行政改革の時に農業補助金が全廃になり困難に直面した。しかし、その時幸運なことに、とても良い農家のリーダー達がおり、比喩であるが「新しい土地に、新しい世界へ行こう」と、そのように言って立ち上がった。農家にとっては補助金収入がなくなるわけであるから、ものすごく困難な時期だった。しかし、補助金がなくなるということは、それによって農家の人たち自身がちゃんと利益を出せるようなビジネスをはじめるチャンスが与えられたということだった。その時、農家には2つの選択肢しかなかった。1つ目は

頑張って利益を上げて成功すること、2つ目は農場を売って離農することであった。そうした現実のもとで成功するためには利益を出すしかないということが理解され、イノベーションを取り入れる大変強力な動機になった。

　もう1つ重要な点は、農家が後戻りできない所に、岐路に立たされていたということである。以前のような田舎の農場運営ではダメなんだというような所に立っていた。一度変革が起こったら、もう時計を元に戻すことができない。今、NZの農家に私が質問しても、補助金があった時代に戻りたいと言う農民は一人もいない。

第3節　ニュージーランド農業の成功要因

1．優秀な農家とそれを支えるプロ集団

　多くの人達は、NZ農業の成功の秘訣は農家の人たちが優秀であったことだと思っている。事実、NZの農家の人たちは非常に優秀である。しかし、もう一つ大事なのはNZの農業は、農場運営の周りに大変優秀なプロ集団、専門家の人たち、サービスを行う人たちがいて、営農がうまくいくようにサポートするシステムが完備されているという点である。私が農業を行っている小さな町、ワイプクラウ（北島ホークスベイ）でも必要であればいつでもビジネスに関するアドバイス、家畜に関する健康・衛生に関するサービスやその他技術に関すること、また、肥料や経営についてのアドバイスなどをすぐに得ることができる。さらに、農家にとって大変重要なことであるが、強力な銀行などの金融機関がサポートしてくれている。

　NZでは草地の質や家畜遺伝学を非常に重要視していることから、それらの技術と研究と、農家による情報共有が大きく進んでいることも成功の秘訣である。このようにNZ農業の成功にとって重要な点は、農家をサポートするシステムが作られてきたことである。

2．農業のための教育機関と新規参入システム

　酪農学園大学と同じような大学がNZにもあり重要な役割を担っている。農業の分野、あるいは農業サービスの分野で活躍する若者をトレーニングしていく、育てていくということは非常に大切である。マッセイ大学、リンカーン大学は農業分野では有名な優れた大学である。実際の営農やビジネスの訓練の他、農業以外の技術も教えている。獣医学はマッセイ大学で教えており、動物関係、畜産について重要な役割を果たしている。その他にもプライマリーITOという重要な訓練組織があるが、これは産業界の訓練学校で、主に実際の牧場で訓練を行っている。

　私は、後継者問題は、世界中で共通している問題だということをこの目で見てきた。日本だけの問題でなくて、NZでも農業に従事する若者を探すのに苦労するのは同じあるが、現在は農場を効率的に営農するのに充分な数の新規就農者がいるので問題がない状況である。

　NZでは、若い人達が新しく農場に入りやすくするためのパスウェイ（新規就農のための進路）を作った。また、「ヤング・ファーマーズ（青年農業者）」という大変強力なグループがあり、農業に熱意を持った若者が集まって定期的に会合を持っている。その他、キャリアパスウェイ（農業を始めてから最終目的の農場所有までの進路）と言って、以前に酪農家や羊農家だった人が戻ってくるのをサポートするシステムもある。

　キャリアパスウェイの中には、農場の株を所得する、いわゆる所有者の一人になるという選択肢もある。若い農業者は自分がその農場ビジネスの株を持つことにより、もっと一生懸命に真剣にビジネスに取り組もうという気持ちになる。

第4節　ニュージーランド農業の将来方向

1．行政改革の影響

　まず、NZで断行された改革というのが農業にとって非常に重要であった。それによって効率的な農業ビジネスを育てることができたからである。他方、国際市場の影響を直接受けることになったものの、政府からの支援もなくなった。3年前に酪農業界では乳価が下がり非常に厳しい状況に陥った。しかし、そういうような難しい時期にあっても、NZの農家の1人として政府に助けを求める人はいなかった。農家は、国際市場価格というものは上がる時もあれば、下がる時もあると理解している。そのため、悪い時もあるということを理解しているので、悪い時にそれに耐え忍ぶような力を蓄え、そして良い時にまた経営を発展させるというシステムを作りあげている。特にNZの地方の農家にはとても強いネットワークがあり、お互いに助け合っている。そのため酪農家の人達が乳価が下がって苦しんでいるという時には、そこに色んな物を提供する企業もあるし、もっと低い料金をオファーしてくれるというようなこともある。

　農家の人達は長い時間をかけて銀行とも信頼関係を築き、市場価格が下落した時にどのような支援体制ができるかということを話し合っている。そのため、市場価格が下がった時でも政府は何もしないというのが、今のNZのやり方である。ただ、政府や企業とは関係はなく、その状況が緩和されることがある。それはNZドルの価値、すなわち為替で、農産物の価格が下がり農家の収入が減ると、海外の投資家たちは、NZは国としてうまくいかないだろう考え、結果としてNZドルが下がるということになる。そうすると輸出が増えるというサイクルで、価格が下がることから競争力が上がるということになる。

２．食の安全性への取り組み

　NZは90％を輸出に回しているので食の安全というのはすごく大事である。食の安全に対して疑いが出ると大変心配した時もあった。その時に学んだ教訓は、本当にオープンに、正直に問題について公表して処理していくことである。それをきちんと行えば、人々は許してくれる。NZの食の安全システムとその管理プロセスは大変厳しいものになっているが、それでも、いつも100％パーフェクトな結果を得るのは難しいのが現実である。

　一方、日本の消費者は食の安全に対して非常に厳しいと思うし、日本の食品の品質は非常に高く、しかも安全のレベルは高いと思う。NZは農業の効率性についてのアドバイスはできるが、食の安全性とか、衛生のレベルに関して日本は進んでいると思う。

３．農畜産物の価値向上の取り組み

　NZは世界から見ると小さな生産国である。世界の人口は増え続け、より多くの食料を求めている中で、NZはお腹をすかしている人々の中でたったの4,000万人分しか食べ物を供給できない。そうした中でNZ農業の将来を考えると、単に生産量を増やすことではなく、高価値の商品を作っていくことである。NZ農業の成功は、農家そのものだけではなく、その周りにあるプロの集団が提供するサービスとサポート体制を支えるエコシステムができて初めて生み出されたものである。そこで、これからのNZの農業は、日本などに輸出している製品のミックス（ラインアップ）を増やし、ハイバリューのものを作るということを考えている。例えば、伝統的なNZの輸出品目として全粉乳（ホールミルクパウダー）、そしてバターがあるが、そこに新たにハイバリューのものを作り出すために、長年にわたり成分の研究を行い新しい蛋白質の製品を作り出してきた。羊の例を挙げるとオメガ３のレベルの高い羊肉を作ることを研究している農家がある。

　園芸の部門に関しても、品種の改良などを進めているが、賞味期限の長い

りんごを開発するなど収益性の高いものに品種改良を行っている。キウイフルーツの例では、もともと伝統的にグリーンキウイであったが、品種改良を行ってゴールドキウイを市場に出している。ゴールドの方が収益性が高くなっている。価値が上がったからだ。このような例がたくさん出てきている。

写真　酪農学園大学での講演後の学生達との交流（中央が筆者）

4．これからのニュージーランドと北海道の関係構築

　今回の北海道訪問では、2日間にわたって酪農、羊、園芸の仕事に関わっている人達にお会いした。このうち、二つの分野で北海道との協力プロジェクトがある。一つが酪農、もう一つが畜産である。そのプロジェクトでは、どうしたら北海道の酪農業をより効率良く行えるだろうかということで協力しており、その一つが放牧酪農である。これはNZスタイルの放牧酪農で、このプロジェクトの結果が北海道酪農の効率性を向上させることに役立てばと思っている。

　私はよく発言することは、NZが全ての問題に答えを持っているわけではない。しかし、我々は、農業の発展のために、日本や世界中の農家の皆さんと協力して一緒に問題に取り組んでみることは喜んでやっていきたいと思っている。

　（本章は、『DAIRYMAN』2018-1、2「ニュージーランド農業の競争力はいかにつくられたか①②」を荒木が編集した）

第3章

ニュージーランド乳業界におけるフォンテラの戦略と
サステナビリティ

松山　将卓・諏訪　茂

　ニュージーランド（以下NZ）は南半球に位置する島国で、日本の約3/4の国土面積と約520万人の人口〔1〕を有する、豊かな自然とに恵まれた酪農大国である。地理的・経済的な面で見ると世界の中では比較的小規模な国ではあるものの、世界の乳製品貿易における輸出シェアは1/4近くを占め〔2〕、酪農においては世界でも重要な国の一つである。

　世界的な乳業メーカーの一つでありNZ最大の企業でもあるフォンテラ酪農協同組合（Fonterra Co-operative Group Limited, 以下「フォンテラ」に略）は現在、原点であるNZのミルクにフォーカスし、その価値を最大限に高めていく戦略を取っている。その価値の源泉となるのは同国の特徴的な放牧酪農に由来するグラスフェッド、また環境負荷の少ない自然型の放牧酪農を中心とした高いサステナビリティ、そして長年の知見を活かした研究開発による乳製品のイノベーションといった、フォンテラの独自性と強みである。

　本稿においては、NZの酪農・乳業界やフォンテラの歴史と現在、フォンテラの戦略とサステナビリティ、グラスフェッド、そしてNZの特徴であるサステナブルな放牧酪農を日本へ広めることでの社会貢献を目的とした、ニュージーランド・北海道酪農協力プロジェクトなどについて取り上げていきたい。

第1節　酪農大国ニュージーランドの現在と成長の歴史

1．世界の乳製品におけるニュージーランド

　NZは世界有数の酪農大国であり、世界の乳製品貿易において重要な役割

を果たしている。2022年の世
界の生乳生産量見通しは約
9億2991万トンであり（**表
1**）、NZの約2,159万トンはそ
のうち約2.3％となっている。
これはインド、EU、米国、
パキスタン、中国、ブラジル、
ロシアなどの大国に次ぐ規模
ではあるものの、世界全体に
おける割合としては限定的といえる。

表1　世界の生乳生産と乳製品の輸出量（生乳換算、2022年予測値）

国名	生乳生産量		輸出量	
	千トン	シェア	千トン	シェア
ニュージーランド	21,590	2.3%	18,791	22.1%
EU（英国除く）	158,707	17.1%	23,603	27.7%
米国	102,902	11.1%	13,823	16.2%
インド	221,179	23.8%	837	1.0%
日本	7,740	0.8%	48	0.1%
その他	417,797	44.9%	28,004	32.9%
世界合計	929,915	100.0%	85,106	100.0%

出所：FAO 2022 Food Outlook - Biannual Report on Global
　　　Food Markets, November 2022 を基に作成
注：水牛、ヤギ、ヒツジなども含む

　しかしながら、輸出量（生乳換算）においては約1,879万トンで全世界の
1/4近くのシェアを占めており、世界の乳製品貿易において大きな役割を果
たしていることが分かる。これはNZの生乳生産量と国内需要とのギャップ
から、国内で製造される乳製品の約90％が輸出されていることが大きな要因
である。フォンテラにおいては輸出割合が95％以上にのぼり、NZの最大企
業であるとともに、世界最大規模の乳製品輸出メーカーとなっている。

　また製品別では、NZは全脂粉乳において世界の半分以上の輸出シェアを
占めている〔3〕。2番目に多いEU（英国除く）が約11％であり、その5倍
以上にも及ぶ量を輸出している。その他、脱脂粉乳（約13％、3位）やバ
ター（約40％、1位）、チーズ（約10％、3位）といった主要乳製品におい
ても世界上位の輸出量であり、世界の乳製品貿易において重要な役割を担っ
ている。

2．ニュージーランド国内乳業の現在

　NZ国内の乳業界は過去の業界再編の経緯などから、フォンテラ酪農協同
組合が大半の集乳シェアを持っている特徴的な構造であり、現在同社の集乳
量シェアは約80％にのぼる（**表2**）。フォンテラは2001年に2つの酪農協同
組合がニュージーランドデイリーボード（NZDB）と合併し設立された大規

表2 ニュージーランドの乳製品製造量シェア

乳業メーカー	生乳	全脂粉乳	脱脂粉乳	バター	ホエイ	カゼイン
Fonterra（フォンテラ）	80%	65%	73%	94%	96%	90%
OCD（オープンカントリー）	9%	16%	8%		1%	
Yili（イーリー：伊利集団）	5%	3%	13%	6%	1%	5%
Synlait（シンレイ）	3%	5%	6%		1%	
Miraka（ミラカ）	1%	2%				
Tatua（タツア）	1%				1%	5%
Others（その他）	1%	9%				

資料：GIRA Dairy Club 2021 New Zealand の推定データを基に作成
注：生乳は集乳量 2020 年推定値、その他は 2021 年推定値

模な酪農協同組合であり（詳細後述）、設立当初は約96％のシェアを有していた〔4〕。同時に施行された酪農業界再生法（DIRA：Dairy Industry Restructuring Act 2001）による市場競争促進策もあり、その後は新規参入など市場環境の変遷を経て、現在のシェアを有するに至っている。

　フォンテラに続くのはオープンカントリーデイリー（OCD）が約9％、伊利集団（Yili）が約5％である。オープンカントリーデイリーは、北島を中心として乳製品を製造する乳業会社で、海外市場への輸出も積極的に行っている。現在はNZの食品企業タリーズグループ（Talley's Group）が保有している〔5〕。

　伊利集団は内モンゴルに本拠を置く中国最大の乳製品メーカーであり、2019年に南島の主に西岸を拠点とするウエストランドミルクプロダクツ（Westland Milk Products）を100％子会社として傘下に収め、本格的にNZ乳業界に進出した。またそれ以前の2013年には、南島のカンタベリー地方を拠点とするオセアニアデイリー（Oceania Dairy）も傘下に収めている〔6〕。これは近年の中国における乳製品需要の大幅な増加に応えることを見据え、生乳確保に向けた同社の海外戦略の一つといえる。

　なお、ウエストランドは2001年の業界再編によりフォンテラが設立された際に、合併に加わらずに単独での事業継続を選択した2つの酪農協同組合のうちの1つであった（もう一つはタツア）。

　その次に集乳シェアを持つのは、南島のカンタベリー地方を拠点とする乳

製品メーカーのシンレイ（Synlait）で、約３％を占める。同社は2008年の設備稼働開始後、中国の乳製品メーカーである光明乳業（Bright Dairy）が2010年に資本参加し、現在は約39％の株式を保有している〔7〕（当初は51％であった）。その他NZのa2ミルク社も約20％の株式を保有しており、同社ブランドの育児用粉乳における製造販売契約を2012年から結んでいる〔8〕。(a2ミルク社は2017年にオランダのフリースランドカンピーナから約8.2％〔9〕、2018年には日本の三井物産から約8.4％〔10〕のシンレイ社株式を取得。)

　約１％のシェアを持つミラカ（Miraka）は、マオリ族が所有する、北島のタウポを拠点とした比較的小規模な企業である。しかしながら同社にも外国資本が入っており、株式の23％をベトナム最大の乳業会社であるビナミルク（Vinamilk）が保有している〔11〕。

　タツア（Tatua）は1914年に設立された長い歴史のある酪農協同組合で、ワイカト地方のモリンスビルを拠点としている。前述の通り2001年の業界再編時に合併に加わらず、従来の形態で事業を継続してきた酪農協同組合の１つである。

　このようにNZの乳業界はフォンテラやオープンカントリー、タツアのような基本的に国内資本で運営されている企業が主要な部分を担っているが、それ以外の乳業会社の動向から伺える通り、外国資本が徐々にNZ乳業界に入ってきていることが近年の一つの傾向である。

　上記以外の例としては、規模は小さめではあるものの、南島南部を拠点とし粉乳を製造するマタウラバレーミルク（Mataura Valley Milk）社が中国のチャイナアニマルハズバンドリーグループ（China Animal Husbandry Group（CAHG））の子会社として2018年に生産を開始している。その後は2021年７月にNZのa2ミルク社が75％の株式を取得したことで同社の子会社となり、現在CAHGは25％の保有となっているが〔12〕、これも外国資本、特に中国資本のNZへの進出の一例といえる。

　その他、近年のNZ乳業界で存在感を増しているのが、2000年に設立され

たa2ミルク社である。同社は社名の通りA2ミルク[1]や育児用粉乳などを取り扱う企業であり、中国や米国など海外市場に積極的に進出し大きな成長を遂げた。特に2017年以降は株価も急成長し、2020年後半以降はやや難しい局面を迎えているものの、ニュージーランド証券取引所の時価総額上位に名を連ねるなどNZを代表する企業の一つとなっている。また前述の通り、同社も国内乳業メーカーへの資本参加を近年積極的に行っている。

3．ニュージーランド乳製品と輸出

　国内の乳製品製造量においても集乳量と同様にフォンテラが主要なシェアを占めており（**表2**）、各製品のシェアも各社の設備や製品ミックスなどにより状況は若干異なる部分はあるが、おおよそ集乳量と比例的である。全脂粉乳においてはオープンカントリーが集乳量よりも高いシェアを占めているが、これは同社が全脂粉乳を主力製品としていることが一つの背景にある。同社は乳製品の95％以上を輸出しており〔13〕、全脂粉乳の輸出量は世界2位の規模にのぼる〔14〕（1位はフォンテラ）。

　バターはフォンテラに次いで伊利集団が約6％のシェアを持ち、これはウエストランド（Westland）のバターによるものである。また**表2**には入っていないが、チーズに関してもフォンテラが主要なシェアを占めている。そ

表3　NZの乳製品製造量・輸出量と輸出割合（2022年概算）

製品群	製造量	輸出量	輸出割合
全脂粉乳	1,530	1,465	96%
脱脂粉乳	350	355	101%
バター・AMF	480	445	93%
チーズ	375	340	91%
カゼイン・カゼイネート	86	86	100%
ホエイ製品	36	36	100%
MPC	72	72	100%
クリーム製品	135	135	100%
育児用粉乳	101	101	100%
その他	226	51	23%

資料：USDA：Dairy and Products Annual - New Zealand, Nov 2022 を基に作成
注：製造量・輸出量の単位は千トン。市場在庫との兼ね合いで輸出割合が100％を超える製品群もある。

の他の乳製品についても同様で、全体的にフォンテラが高いシェアを占めていることが分かる。

　NZの乳製品は、前述の通り国内生産量と需要のギャップが大きく、90％以上が輸出されている。飲用乳は基本的に国内消費に向けられるが、加工製品については大半が輸出され、世界各国で消費されることになる。

　USDAのレポートによると、2020年のNZの全脂粉乳製造量は約157万トンであるのに対して輸出は約153万トンであり〔15〕（**表2**）、国内製造の全脂粉乳のうち約98％が輸出される計算となる。また乳製品の代表的な品目であるバター・AMF（バターオイル）は約94％、チーズは約93％が輸出となっている。

　この高い輸出割合により、NZは前述の通り世界の乳製品貿易量の1/4近いシェアを占め、世界有数の酪農大国としての地位を築いている。次に、これらNZ産乳製品がどのような国や地域に輸出されているかを見てみたい。

　主な乳製品の輸出先地域とシェアは**表4**の通りである。製造・輸出量ともに最も多い全脂粉乳は、輸出のうち約7割がアジア向けである。このうち中国が全体の約4割と大きな割合を占めている。直近十数年で急激に成長している乳製品需要を反映し、2008年には4万トン強であった中国の全脂粉乳の輸入は2020年には70万トンを超えるレベルに達し、そのうち約9割がNZか

表4　ニュージーランド乳製品の輸出先地域輸出量シェア（2020年、概算）

全脂粉乳		脱脂粉乳		バター		チーズ	
輸出先	シェア	輸出先	シェア	輸出先	シェア	輸出先	シェア
中国	42%	中国	36%	中国	26%	中国	23%
UAE	6%	インドネシア	10%	オーストラリア	12%	日本	19%
スリランカ	6%	マレーシア	7%	ロシア	8%	オーストラリア	13%
アルジェリア	5%	タイ	7%	サウジアラビア	7%	韓国	8%
バングラデシュ	4%	フィリピン	6%	日本	5%	フィリピン	4%
タイ	3%	台湾	6%	台湾	4%	インドネシア	4%
インドネシア	3%	シンガポール	6%	エジプト	4%	サウジアラビア	4%
マレーシア	3%	ベトナム	4%	インドネシア	3%	台湾	3%
オーストラリア	3%	サウジアラビア	3%	ジョージア	3%	マレーシア	3%
サウジアラビア	3%	クウェート	2%	マレーシア	3%	チリ	2%
その他	23%	その他	14%	その他	26%	その他	17%

資料：Global Trade Atlas 等を基に作成。
注：シェアは四捨五入の関係で合計100％にならない品目もある。

らの輸入によるものとなっている。脱脂粉乳でも構図は類似しており、中国が全体の４割近くを占める。

またバターの輸出先も中国が全体の２割以上を占め最大であり、隣国オーストラリアが中国の次に続く。アジアでは中国以外に日本や台湾、韓国、東南アジアといった地域がそれぞれ数パーセントを占めており、アジアは重要な輸出先地域となっている。中東・北アフリカ地域向けは約15％あり、サウジアラビアがその半分近くを占めるほか、エジプトやモロッコなどが主な消費国となっている。

チーズについては、日本がNZから最も多く輸入している乳製品であり、ここ数年は年間６万トン前後を輸入している。日本はNZのチーズ輸出全体の２割近くを占めており、重要な輸出先の一つである。しかしチーズにおいても最大の輸出先は中国であり、全体の２割以上を占めている。オーストラリアも安定的に高い比率である。

乳製品全体で見てみると、NZにおける乳製品の輸出額は第一次産業のうち約４割、全体の輸出額のうち約３割を占め〔16〕、同国の輸出産業にとって重要な役割を担っている。ニュージーランド第一次産業省（MPI）の統計によると、2021年３月時点で乳製品輸出総額のうち39％は中国向け輸出であり〔17〕、２番目に大きいオーストラリアが６％、その次に米国、日本、インドネシアが各４％である。さらにマレーシア、フィリピン、UAE、サウジアラビア、タイが３％で続き、これらの国々で全体の約70％を占めている。この割合が示すとおり、近年の中国の乳製品需要の急激な高まりなどを受け、同国及びアジア向け輸出の割合が極めて高くなっていることが分かる。

なお、NZ全体の輸出総額（乳製品以外も含む）における中国の割合は2020年では約28％を占め〔18〕、２位オーストラリアの倍近くにのぼり（３位以降はやや割合は下がるが米国、日本、韓国と続く）、輸出先としてのシェアが非常に高いことが分かる。一方で20年前の2000年時点では中国はわずか約３％であり、６位に過ぎなかった（当時の１位はオーストラリアで約20％、それ以降は米国、日本、英国、韓国と続いていた）。過去20年ほどで

の中国の経済成長などもあり、乳製品をはじめとしたNZ製品の輸出先として、同国が大きくシェアを伸ばしている。

　このようにNZ乳製品は世界の乳製品貿易の中心的存在であり、中国を含むアジア地域に全般的に多く輸出され、中東や隣国オーストラリアがその次に続くという構図となっている。これは中国を始め世界全体で高まる乳製品需要はもちろん、CPTPP（TPP11）や各国との貿易協定が順次締結されてきたことなどによる市場環境的な変化も一つの要因といえる。主な貿易協定としては、中国と2008年に、東南アジア諸国と2010年にASEAN・豪州・NZ自由貿易協定（AANZFTA）、韓国と2015年にそれぞれ自由貿易協定が締結されてきた。そしてCPTPPが2018年に発効したことにより、主な輸出先であるアジア市場への包括的なアクセスがよりしやすくなり、乳製品を中心とするNZ輸出産業の成長を後押しすることとなった。

4．ニュージーランドの成長の歴史

　NZの酪農と乳製品輸出産業は、先に述べた通り、乳製品需要の世界的な伸びや各国との自由貿易協定など、複合的な要因により今日までの成長を遂げてきた。しかしながらそれらの市場環境的要因のみでこの成長が実現されてきたわけではなく、NZ国内における政府の政策や酪農家の長い努力の歴史が、昨今の大きな成長の礎になっているといえる。

　1950年から1960年代にかけて、NZ国内の生乳生産は現在の1/4程の約500万トン台で推移していた。1961年にはニュージーランドデイリーボード公社（New Zealand Dairy Board, 以下NZDB）の設立により商業輸出を一元的に輸出する体制が整備され、その後、生乳生産は着実に成長していくことになる。しかし1984年に労働党政権による規制撤廃・緊縮財政の政策が施行されると、酪農に対する政府からの補助金が廃止され、酪農家の収益性は不安定となり厳しい状況に直面することとなった。この頃より生乳生産の成長も停滞し、その後1990年代初頭まで横ばいが続いていった（**図1**）。しかしながらこの時代に補助金が廃止され厳しい経営環境に転じたことにより、酪農

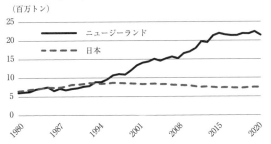

図1　ニュージーランドと日本の生乳生産の推移
　　　（Dairy NZ, 農林水産省「牛乳製品統計調査」）

注：NZは百万リットル単位での統計のため、一般的な重量換算のリットル×1.03
　　を用いてトンに換算

家が生産性・効率性を高めるための経営努力を継続的に行い、今日の補助金に頼らない競争力のある酪農経営を作り上げることに繋がったとも言われている。

　その後、生乳生産は経済・農業の自由化とともに成長を遂げ、1993/94年には860万トンを超え、当時の日本の国内生乳生産を上回った。1996/97年には1,000万トンに達し、その17年後の2013/14年に2,000万トンを超えるなど、生乳生産は急速な拡大を遂げていった。

　しかしながら、生乳生産は2014/15年に一度ピークを迎えた後は横ばいとなり、1980年代より続いてきた増加傾向が頭打ちとなっている。これは政府による環境等の規制強化や、酪農から多用途への農地転換などが要因として挙げられる。環境に関する世界的な潮流などを考慮すると、この傾向は今後も同様に続いていくと考えられる。国内の乳牛頭数増加も頭打ち[2]となる中で、更なる生乳生産の増加を目指すには一頭当たりの搾乳量[3]を上げるなどの効率性向上が考えられるが、高い動物福祉の水準を有し効率的な自然型の放牧酪農を特徴とするNZでは、搾乳量のこれ以上の大幅な増加はあまり現実的ではないと考えられる。

　このようにNZの酪農は政府の政策や酪農家の継続的な努力によって数十年に亘り成長を遂げてきたものの、生乳生産量の増加は近年鈍化している。この状況において、今後も見込まれる世界的な乳製品需要増加にどのように

応え、どのような成長を実現していくかが、酪農大国NZが直面しているチャレンジといえる。

第2節　フォンテラの歴史と現在

1．フォンテラ酪農協同組合の設立と現在

　NZでは、酪農・乳業組合は1933年には499あったが〔19〕、製造や輸送などの効率性が追求されるとともに、小規模な組合がより大規模な組合に集約されていくなど、長い年月をかけ組合間の吸収・合併が進行してきた。

　その後、2001年には酪農業界の大再編が行われることとなり、それまで乳製品を一元輸出していたNZDBが廃止され、NZDBと当時の2大酪農協同組合であるニュージーランドデイリーグループ（NZ Dairy Group）、キーウィーデイリー（Kiwi Dairy）との合併が行われた。この合併により新たに設立されたのが、フォンテラ酪農協同組合（Fonterra Co-operative Group Limited）である。

　この合併の背景にあったのは、乳製品の輸出に関する制限を緩和することや、規模を拡大することにより生産や開発の効率を上げるといった、成長する乳製品市場の中でNZの競争力を向上させていくための施策である。

　現在、NZの生乳のうち約80％はフォンテラが収集し〔20〕、国内各地の工場で乳製品に加工され、世界130カ国以上に輸出販売されている。その規模は世界でも有数であり、フォンテラが取扱う生乳相当量は、米国のデイリーファーマーズオブアメリカに次いで世界2位に相当する（**図2**）。

　また、2021/22年度のフォンテラの売上高は約234億NZドル（約1.9兆円）であり、NZ最大の売上高を誇る企業である。乳業の売上高においては、ラクタリス（仏）、ネスレ（スイス）、ダノン（仏）、デイリーファーマーズオブアメリカ（米）、伊利集団（中）に次ぐ世界6位に位置しており〔21〕、NZ最大の企業であるとともに、世界トップクラスの乳業メーカーである。

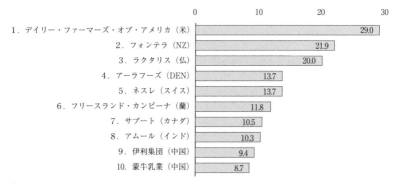

図2 生乳取扱相当量世界トップ10（百万トン）

1．デイリー・ファーマーズ・オブ・アメリカ（米）	29.0
2．フォンテラ（NZ）	21.9
3．ラクタリス（仏）	20.0
4．アーラフーズ（DEN）	13.7
5．ネスレ（スイス）	13.7
6．フリースランド・カンピーナ（蘭）	11.8
7．サプート（カナダ）	10.5
8．アムール（インド）	10.3
9．伊利集団（中国）	9.4
10．蒙牛乳業（中国）	8.7

資料：IFCN Top 20 Milk Processor by milk intake, 2019

2．フォンテラとニュージーランド国内の酪農家支援機関

　NZ国内には酪農家を支援する機関が複数あり、その存在は酪農業の発展に欠かせないものである。現在国内にある主な酪農家支援・調査研究機関としては、家畜改良公社（以下LIC：Livestock Improvement Corporation）とデイリーニュージーランド（以下DairyNZ）の2つがある。フォンテラは現在どちらにも直接関与しているわけではないが、過去の成り立ちにおいては関わりがあるため、現在の状況とこれまでの経緯について整理したい。

　LICは、1909年に酪農家たちが農務省の管轄下にて乳牛の乳脂肪率に関する試験を初めて行ったことをルーツとする機関である〔22〕。それ以降、乳牛の改良に関する各種調査・研究を行い、酪農家への支援を数十年の長きに亘り行ってきた。現在のLICの名称となったのは1988年、フォンテラの前身であるNZDBの傘下となった時である。その後2001年のNZDB廃止とフォンテラ設立に伴い、酪農家所有の形態に移行した。

　そして2004年にニュージーランド証券取引所に上場して以降、酪農家と投資家が株主として混在する形となっていたが、2018年に基準の改定を行ってからは基本的に酪農家が株主となり、より酪農家重視の姿勢を取るようになっている〔23〕。役割は設立当時と同様、乳牛の改良に関連する調査や研

究、各種サービスの提供などで、特に乳牛の交配や牛群検定が中心である。本社はワイカト地方のハミルトンにあり、700名を超えるスタッフを有し、ピークシーズンには2,000に及ぶ交配や牛群検定を行っている〔24〕。

　一方、DairyNZはNZの酪農家の代表としての機関であり、酪農システム等に関する研究や牧場の機材への投資、バイオセキュリティや環境対策などの改善、その他酪農家への各種支援を行っている〔25〕。

　2001年以前はNZDBの資金にて研究開発などの酪農家に有益となる活動が行われていたが、2001年にNZDBが廃止されフォンテラが設立される際、それまでNZDBが行っていた酪農家に対する支援を継続すべきという声があがり、結果としてDairy InSightとDexcelという２つの独立機関が設立された。それまでNZDBが提供していた運営資金の代わりとなる原資を確保する必要があったため、酪農家から課徴金を徴収する形で事業を継続することになり〔26〕、Dairy InSightが設立された。一方、Dexcelなどの機関や酪農家に有益な活動への資金援助も行った。Dexcelは研究開発などに従事する役割を主に担っていた。その後2007年にDairy InSightとDexcelが合併したことにより設立されたのがDairyNZである〔27〕。

　DairyNZは前身を含む2003年以降酪農家から課徴金の徴収を行っており、2008年以降は乳固形分１kgあたり3.6セントに設定され、2023/24シーズンも同様となっている〔28〕。LICと同じく本拠はワイカト地方ハミルトンにあり、この課徴金を原資として、酪農システムや環境対策などの調査・研究などの活動が行われている。

　この通りLICとDairyNZはこれまでの成り立ちなどから組織形態も異なり役割が分かれてはいるが、NZの酪農に関する詳細なデータを纏めたレポートであるNew Zealand Dairy Statisticsを毎年共同で発行するなど、NZの酪農の発展に向けて協業している。

3．フォンテラの乳製品

　世界有数の乳業メーカーであるフォンテラでは、NZの北島北部から南島

南端部までの国内各地で合計28の製造拠点を有しており（2021/22年度末時点）[4]、幅広い乳製品を製造し世界各国に輸出している[5]。フォンテラの主なブランドは乳原料製品を取り扱うNZMP、消費者製品のAnchor（アンカー）などがある。製品形態の違いはあるが、基本的にはどちらもNZ各地の工場で生乳を加工し、高品質な乳製品として世界中で消費されているという点は共通である。

NZ国内の製造拠点においては、チーズでは、ゴーダ、チェダー、パルメザン、エグモントを始めとしたハード・セミハード系チーズや、モッツァレラ、クリームチーズなどのフレッシュチーズを主に製造している。クリーム製品は主にバターやAMF（バターオイル）、調製食用脂などを製造しており、全脂粉乳・脱脂粉乳などのパウダー製品、WPC（濃縮乳清たんぱく質）/WPI（ホエイプロテイン）やラクトフェリン、MPC（濃縮ミルクたんぱく質）やカゼイン・カゼイネートなどの乳タンパク製品とともに、フォンテラの主力製品群として世界に輸出されている。

表5はNZ国内におけるフォンテラの主な製造拠点と取り扱い製品である。最北端の工場は北島の北部に位置するカウリ工場で、パウダー製品を中心に製造している。また最南端は南島南端部に位置するイーデンデール工場で、バターやホエイ製品などを製造している。

フォンテラ合計では北島に19、南島に9の製造拠点を有しており、中でもNZ国内で最も酪農が盛んな地域であるワイカト地方には9の工場がある。表5の工場がある地域はそれぞれ、北島はカウリがノースランド（Northland）、ハウタプからワイトアまでの8工場がワイカト（Waikato）、エッジカムがベイオブプレンティ（Bay of Plenty）、エルサムとファレロアがタラナキ（Taranaki）、南島はクランデボーイとダーフィールドがカンタベリー（Canterbury）、スターリングがオタゴ（Otago）、イーデンデールがサウスランド（Southland）と呼ばれる地域にある。

フォンテラ最大級の設備と規模を有するのは南島のカンタベリー地方にあるクランデボーイ工場で、ピーク時の生乳処理量は1日約1,300万リットル

表 5　フォンテラの主な国内製造拠点と生乳処理量、取り扱い製品
　　　（百万リットル/日ピークシーズン）

地域	地区	処理量	製品名
Northland	Kauri（カウリ）	3	全脂粉乳、バターオイル、脱脂粉乳、バター
Waikato	Hautapu（ハウタプ）	4.2	チーズ、乳糖、カゼイン、MPC、WPC、ラクトフェリン
	Lichfield（リッチフィールド）	8	全脂粉乳、WPC/WPI、チーズ
	Morrinsville（モリンスビル）	1.2	全脂粉乳、脱脂粉乳、WMC、バター
	Reporoa（レポロア）	2.5	カゼイン
	Te Awamutu（テアワムツ）	3	全脂粉乳、脱脂粉乳、バターミルクパウダー、バター
	Te Rapa（テラパ）	7.5	バター、クリームチーズ、WMC、全脂粉乳、脱脂粉乳
	Tirau（ティラウ）	2.3	カゼイン、ラクトアルブミン
	Waitoa（ワイトア）	3.5	全脂粉乳、脱脂粉乳
Bay of Plenty	Edgecumbe（エッジカム）	3.8	バター、調製食肪、バターオイル、カゼイン、カゼイネート、WPC
Taranaki	Eltham（エルサム）	-	チェダー、SOS、IWS、粉チーズ
	Whareroa（ファレロア）	12	全脂粉乳、脱脂粉乳、チーズ、バター、バターオイル、MPC、ホエイ
Canterbury	Clandeboye（クランデボーイ）	13	チェダー、モッツァレラ、WPC、バター、全脂粉乳、脱脂粉乳、バターオイル、MPC
	Darfield（ダーフィールド）	7.2	全脂粉乳、クリームチーズ
Otago / Southland	Stirling（スターリング）	1.8	チェダー、コルビー、ホエイ、乳糖
	Edendale（イーデンデール）	15	全脂粉乳、脱脂粉乳、バター、MPC、バターオイル、チェダー、ホエイ

　に達し、フォンテラの南島における生乳の約40％を処理する工場である〔29〕。同工場は合計11の製造棟があり、チーズが4、パウダーが3、クリームが2、タンパクが1、乳糖が1となっている。同工場には世界最大級のドライヤー設備があり、1時間あたり最大28トンの全脂粉乳が製造可能である。またチーズ製造設備は、ピーク時には1日180万リットルの生乳を処理し、1日200,000ブロック（1kg）相当のチェダーチーズ製造キャパシティを有している。このフォンテラ最大級の工場で作られた乳製品は、国内のほか世界50ヵ国に輸出されている。

　北島タラナキ地方にあるファレロア工場もクランデボーイと並ぶ大規模な工場で、フォンテラがNZで製造する乳製品の1/5を製造している工場であり、7ヘクタールの物流センターも同拠点内に有している。同工場も11の製造棟を有し、パウダーが4、チーズが2、クリームが1、バターオイルが1、ホエイが1、カゼインが1である。ファレロア工場産の乳製品は国内マーケットのほか、アジアや中東、中米など85を超えるマーケットに輸出されている。

ワイカト地方にあるテラパ工場も規模の大きい工場の一つで、NZにおけるフォンテラの粉乳製造量の約1/8を賄っている。粉乳製造用の４つの大規模なドライヤーと、５つのクリーム製造棟がある。ドライヤーは１時間あたり最大23.5トンの全脂粉乳を製造することが可能である。

　フォンテラ最南端の工場であるイーデンデール工場は設立が1881年と古く、NZで最も古い乳製品の製造工場である。NZで初めて冷蔵のチェダーとバターを輸出した工場でもある。13の製造棟があり、３つのクリーム製造棟や４つのドライヤーを有している。粉乳からバター、バターオイル、チェダー、ホエイ、MPCといった幅広い製品群を製造している。

　これらの他にもフォンテラはNZの北島から南島まで製造拠点を持っており、各地域で収集される生乳を素早く乳製品に加工し、国内外の市場に送り出している。また北島と南島の主要地域には複数の物流拠点を有しており、各地で製造された乳製品をスムーズに輸出できるような体制を整えている。

　またこれら製造拠点などの他に、北島のパーマストンノース（Palmerston North）に研究開発センター（FRDC：Fonterra Research and Development Centre）を持ち、基礎研究や製品開発などを積極的に行っている。この研究施設は1927年にNew Zealand Dairy Research Institute（NZDRI）として設立され、2001年のフォンテラ設立と同時に現在の名称となった〔30〕。ここには300名以上の研究員が在籍しており、そのうち130名以上はPhD（博士号）取得者である。90年を超える長い歴史で蓄積された知見や、外部研究機関や大学とのネットワークを活かした幅広い研究開発により、現在350を超える特許を取得している〔31〕。このFRDCにおけるレベルの高い研究開発により、常に市場のニーズに対応した新しい乳製品を世に送り出すことが可能となっている。

４．日本におけるフォンテラ

　フォンテラにとって日本市場は、中国、オーストラリアに次ぐ規模の重要な乳製品貿易相手国である。フォンテラの前身であるNZDBは、1982年に日

成共益との合弁で日本プロテンを設立し本格的に日本市場に進出した。その後、日本プロテンと、主にチーズ製品を扱っていたNZDB100％子会社であるNZMPジャパンの２社が2000年に合併し日本NZMPが設立され、その後2004年の社名変更により現在のフォンテラジャパン株式会社となった。現在、日本では主にチーズ、バター、機能性乳たんぱくなど乳製品合計で約12万トンを取り扱っており、チーズにおける日本への輸入シェアは約20％、乳たんぱくでは約30％のシェアを占めている。

　フォンテラのNZ産乳製品は日本国内の乳業・菓子・飲料メーカーなどに販売され、プロセスチーズ、ピザ、ハンバーガー、育児用粉ミルク、ヨーグルト、医療用流動食、スポーツ食品、コーヒークリーマー、畜肉製品、パン、マーガリン、缶コーヒーなどの幅広い用途に使用されている。

第3節　フォンテラの戦略とサステナビリティ

1．フォンテラの海外戦略と国内回帰

　世界の生乳需要は人口の継続的な増加と共に成長を続けてきており、今後もこの傾向は続くと見られている。IFCN（国際農場比較ネットワーク）の試算によると、2030年の世界の生乳需要は、主に人口増加と１人当たり乳製品の消費量の増大により2017年比で30％以上増加し、11億6,800万トンへと拡大する見通し〔32〕となっている。

　フォンテラはこの乳製品世界需要の増加に応えるべく、NZのミルクだけでなく、オーストラリア、チリ、中国など海外にも生乳生産拠点（ミルクプール）を設け、また海外企業への資本参加やパートナーシップにも積極的に投資することで規模を拡大し、グローバルの需要を取り込む戦略を取ってきた。

　しかし2018年のCEO交代を機にそれまでのグローバル戦略のレビューが行われると、2019年には「NZの生乳を用いて消費者や酪農家に価値を生み出す協同組合」というフォンテラの位置付けが改めて強調され、それまで推

し進められてきたグローバルでの市場規模拡大戦略から、フォンテラの原点であるNZのミルクに注力し価値を最大化する戦略への方針転換が発表された。主な方向性としては、Volume（数量）からValue（価値）への転換、コアビジネス以外からの撤退と競争力のある分野へのフォーカスである。海外事業においては十分な競争力が得られない事業からの撤退[6]が行われ、グローバルで事業の選択と集中が進められた。

またこの新しい戦略の柱として以下の3つが掲げられ、この中でも特にサステナビリティがフォンテラの戦略の中心となっている。

①イノベーション：お客様と酪農家のために優れた価値を提供する

②サステナビリティ：長期的な利益のために正しいことを行い、消費者やコミュニティのニーズを満たす

③効率性（Efficiency）：規模の効率性を活かし、より大きな価値を生み出していく

NZの生乳生産が頭打ちとなってきた中、今後もフォンテラ乳製品の更なる価値向上を実現していくには、サステナブルな放牧酪農（グラスフェッド）や、機能性乳製品の開発（イノベーション）、スケールメリットを活かした効率的なオペレーションなど、フォンテラが持つ独自性や強みを活かした差別化が重要となる。

研究開発については、長い歴史で蓄積されてきた乳製品に関連する豊富な知見や技術といった強みを活かしイノベーションを実現していくことで、今までにない新しい価値を生み出すことが期待される。またサステナビリティに関しては、環境や動物にやさしいサステナブルな放牧酪農が大きなアドバンテージであり、その他にもフォンテラの様々な取組みを通じてNZ産乳製品の価値を上げていくことが重要なゴールの一つである。効率性については、前述の通りNZ国内で高い集乳シェアを占めるフォンテラは規模の効率性が比較的追求しやすく、それを活かすことで更なる価値を生み出すことが期待されている。

2021年、フォンテラは戦略をさらに前進させるべく、2030年に向けた長期

戦略（LTA：Long Term Aspirations）という形でアップデートした。この長期戦略における3つの柱は以下の通りである。

　　①NZのミルクにフォーカスする（Focus on New Zealand Milk）

　　②サステナビリティのリーダーになる（Be a leader in sustainability）

　　③乳製品のイノベーションリーダーになる（Be a leader in dairy innovation and science）

　これらの長期戦略はそれまでの戦略から基本的な軸は変わっていないものの、NZの生乳生産が今後増加は見込みにくい状況の中で、フォンテラが持つ強みを活かしながらどのようにNZのミルクから最大の価値を生み出すかということをより明確に追求していくため、2030年という長期的な視野でアップデートされている。

2．サステナビリティの3つの柱とSDGs

　前述の通り、現在サステナビリティがフォンテラの戦略の中心に据えられている。2030年に向けた長期戦略（LTA）がアップデートされて以降、サステナビリティに関する取組みは、①People & Culture（人々とカルチャー）、②Nature（自然）、③Relationships（関係性）、④Intellectual Capital（知的資本）、⑤Assets and Infrastructure（資産とインフラ）、⑥Financial（財務）、という6つの項目がベースになっており、各項目に細かな目標が設定されその進捗が定期的に評価されている。

　これら6項目は定義が少々細かくなっているが、これらのベースとなっているのは従来より掲げられていた①Healthy People（健全な人々）、②Healthy Environment（健全な環境）、③Healthy Business（健康なビジネス）という大きな3つの柱であり（図3）、現在の形にブレークダウンされるまでサステナビリティの大きな軸であった。ここではサステナビリティに関するアプローチをより簡易的に説明するため、これらの3つの柱について紹介する。

　この3つにはそれぞれにミッションや細かな中長期目標が多数設定され、

図3　フォンテラのサステナビリティにおける3つの柱（サステナビリティレポー

健康な人々	健全な環境
私たちは力を合わせて大切な人々を支え、社会にプラスの影響を与えています。	私たちは力を合わせて酪農と社会のための健全な環境づくりに取り組んでいます。
He aha te mea nui o te ao? *He tāngata, he tāngata, he tāngata.*	*Tiakina te whenua i tēnei rā, hei oranga tangata* *mō ngā rā e heke mai nei.*
何よりも大切なもの？ それは人々、人々、人々。	今日いたわった土地が、明日私たちを養ってくれる。
⊘ 公衆衛生の課題に対応するため、製品の栄養価を高め、健康的な食生活を促進する。	⊘ 陸地と水域の健全性と生物多様性を改善するため、再生志向のマインドセットのもと、酪農や製品製造による影響を低減し、周囲と協力しながら取り組む。
⊘ 従業員が前向きに仕事に取り組めるよう、健康的で安全な労働環境を推進し、高い技術を持つ活動的で多様な人材を育成する。	⊘ 低炭素社会への移行をリードするため、サプライチェーンから排出される温室効果ガスの削減に向けた技術革新やインフラに投資する。
⊘ 地域社会の健康を向上させるため、正しい方法で事業を行い、得意分野の知識を共有し、レジリエント（回復力のある）で持続可能な地域社会を築くことに貢献する。	⊘ 増大する栄養ニーズを満たすため、生産性を向上させ、農場から消費者までの間に発生する廃棄物を最小限に抑える。

長期目標

長期目標

進捗状況が定期的にトラッキングされるとともに、課題のレビューや目標達成に向けたアクションが取られている。また長期目標としてSDGsの貢献項目もそれぞれ設定されており、国連が定めた合計17のSDGsのうち10に貢献することが掲げられている。これらの取組みに関する進捗など詳細については、フォンテラが2017年以降毎年発行しているサステナビリティレポートにて報告されている。

　Healthy People（健康な人々）は従業員や地域の人々の生活を支えながら社会に貢献していくことが主な目標であり、Healthy Business（健全なビジネス）は技術革新などにより生乳に付加価値を創り出し、フォンテラの株主でもある酪農家の生活を支えていけるような持続可能なビジネスを目指している。

　そしてこの3つの柱の中でも特に重要となるのが、Healthy Environment（健全な環境）である。昨今、地球温暖化や環境への対策が世界中で注目されているが、フォンテラでも酪農場や工場における温室効果ガス低減のほか、

ト2020より抜粋)

健全なビジネス

私たちは力を合わせて
持続可能なビジネスを実現します。

Nā tō rourou, nā taku rourou ka ora ai te iwi.
あなたの食べ物を詰めた籠と私の食べ物を詰めた籠を
合わせれば、皆の繁栄に繋がる。

- ☑ 酪農家の健康的で持続可能な生活を支えるため、生乳の一滴に至るまで最大限の価値を還元する。

- ☑ 強固な協同組合を築くため、投資を含む事業活動において長期的価値を実現する。

- ☑ お客様や消費者の変化するニーズに応えるため、他にはない強みを活かし、技術革新により皆にとって持続可能な価値を創造する。

長期目標

環境保全、水資源の有効活用、動物福祉、サステナブルパッケージ、カーボンゼロ製品など多くの取組みを行っている。特に温室効果ガス排出量の抑制は重要な取組みであり、パリ協定の「地球温暖化を2度未満に抑制し、気温上昇を1.5度以内に抑えるよう努力する」という基本目標に準拠し様々な取組みを進めている。フォンテラのサステナビリティは幅広い分野をカバーしているが、その根幹を成すのは環境に対する取組みであるといえる。

3．環境対策と温室効果ガス

　フォンテラのバリューチェーン全体における温室効果ガス排出量の割合は、酪農場が約90％、製造が約9％、輸送が約1％となっている。製造（工場）や輸送においては効率化や対策が進み排出量が比較的低く抑えられていることもあり、酪農場での排出割合が相対的には高くなっている。しかしこれは酪農における排出量が多いということを意味するものではなく、NZ酪農の特徴である通年の放牧酪農がもたらす様々な効果により、実際には世界で最も低いレベルの排出量に抑えられている。（温室効果ガス排出量は一般的に「カーボンフットプリント」とも呼ばれている）

　2021年1月にDairyNZが公表した主要18ヵ国を対象とした温室効果ガス排出量比較では、NZの酪農場における生乳生産1kgあたりの温室効果ガス排出は0.77kgCO2-e/kgFPCM[7]で世界最小であるという調査結果が発表された〔33〕（**図4**）。これは他の主要国と比較しても大幅に少ない量であり、

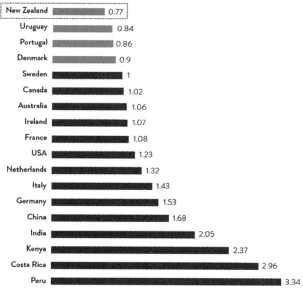

図4　主要酪農国酪農場の生乳生産1kgあたりの温室効果ガス排出量

資料：DairyNZ

NZの酪農は環境にやさしく効率の良い酪農であるということが示唆されている。

　詳細は後述するが、NZの放牧酪農は自然環境を活かした循環型のサステナブルな酪農であり、環境保全や動物福祉などの面でポジティブな効果を生み出している。そしてこのサステナブルな放牧酪農から作られるのが、フォンテラのグラスフェッド乳製品である。

4．グラスフェッド

　NZ酪農の特徴は、年間を通じて放牧を行い牧草主体で乳牛を育てる、いわゆる「放牧酪農」である。NZは温暖な気候、豊潤な土壌、十分な降雨などの自然環境に恵まれ、放牧酪農に理想的な環境を有する数少ない国の一つである。牧草による乳牛飼育はグラスフェッドと呼ばれ、NZ酪農の大きな特徴である。フォンテラの契約酪農家においては、年間を通じて乳牛が食す

図5　NZのミルクカーブ

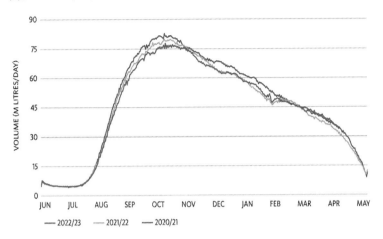

出典：Fonterra Global Dairy Update, May 2023

る飼料の平均約96％は牧草であり[8]、約97％の時間を牧草地での放牧で過ごしている[9]。これは世界的に見ても極めて高い水準といえる。

　「グラスフェッド」についての国際的な統一規格は無いものの、フォンテラは独自の管理基準「Fonterra Grass and Pasture Fed Standard」を設け、高い水準でグラスフェッドを管理している。主な基準としては、飼料全体の牧草の利用率は消費重量ベースで92％以上（実際の平均は約96％）、放牧割合は最低90％以上（実際の平均は約97％）といった項目が高水準で設定され、各酪農家に対して細かく管理・運用されている。このフォンテラ独自の管理基準はNZの政府系機関であるAsureQualityによる認証を受けており、常に高い水準で放牧酪農が行われている。

　NZの放牧酪農では牧草の生育期に合わせた乳牛の季節分娩が行われており、それに伴い生乳生産量に季節性があるのも特徴的である。早春を迎える8月頃からシーズンが始まり、牧草が最も発育する10月頃に生乳生産のピークを迎える。その後段階的に減少していき、冬を迎える5月頃にシーズンが終わるというサイクルで、ミルクカーブと呼ばれるものである（**図5**）。（なお南半球に位置するNZは、日本とは季節がほぼ逆である。）

このような放牧酪農で育てられたグラスフェドの乳牛からは風味や栄養に優れた生乳が作られ、一般的に穀物飼料で生育した乳牛に比べより多くの共役リノール酸（CLA）やβ-カロテン、ビタミンDが含まれるといわれる。NZ産のグラスフェドバターは黄色味が強いことがよく知られているが、これはβ-カロテンを多く含むため黄色味が強くなるもので、グラスフェドの特徴の一つである。

　前述の通りフォンテラでは、乳牛の飼料のうち平均約96％は牧草である。基本的な放牧酪農のサイクルは、乳牛が放牧地で牧草を食べて育ち、乳牛の糞尿が土壌に還り牧草の栄養となり、生育した牧草を乳牛が食べて育つという、自然を活かした循環型のサイクルといえる。

　穀物飼料（補助飼料）については牧草が十分に生育しない時期などに与えられる程度で、飼料全体の牧草の利用率から分かる通り、割合としては限定的である。この穀物飼料の生育・加工・輸送などのプロセスにおいても温室効果ガスが排出されるが、NZではこの割合が極めて低いことが、生乳生産に係る排出量が抑えられる一つの要因である。これは肥料に関しても同様で、牧草の生育に使用される肥料も多くないことから、肥料に係る排出量も限定的である。また乳牛の糞尿処理、牛舎の使用・管理に関連するエネルギー使用やそれに伴う温室効果ガス排出も抑えられ、全体の排出量を抑制することが可能なのである。

　また放牧酪農は酪農家にとってのメリットが大きいことも特長である。NZでは酪農家に対する政府からの補助金が無く低コストで生産性の高い酪農を行わなければならないが、放牧の実施率と飼料全体の牧草の利用率が極めて高いNZの放牧酪農においては、乳牛の管理や飼料・肥料などに係るコストを全体的に抑えることが可能となる。また、穀物飼料（補助飼料）の割合が少ないことにより、穀物価格の市況変動による仕入れコストの不安定さも抑えることが出来る。これらのコスト優位性などにより、国際的にも競争力のある酪農が可能となるのである。

　さらに、放牧酪農は動物福祉（アニマルウェルフェア）の面でも効果的で

ある。乳牛は基本的に放牧地にてのびのびと過ごしており、成長ホルモンの使用は無く（NZでは禁止されている）、遺伝子組み換えの乳牛もいない。フォンテラでは、国際獣疫事務局（OIE）が設けた国際的な基準や「5つの自由」[10]に反する行為をすることなどのないよう取り組んでおり、乳牛の健康状態や死亡率など動物福祉に関する項目をカバーした、専門の獣医に承認された独自の管理プランも導入している。

　これに加えフォンテラでは温室効果ガスや動物福祉といった面だけでなく、廃水処理や生物多様性などの環境保全面についても積極的に取り組んでいる。酪農場でのこれらの取組みについては、「農場環境プラン」というプログラムを運用することで推し進めている。

5．農場環境プラン（Farm Environment Plan）

　フォンテラのグラスフェッド管理基準を遵守するとともに、温室効果ガスや環境対策を考慮したサステナブルな放牧酪農を進めるため、フォンテラは酪農家に対して「農場環境プラン（Farm Environment Plan）」というプログラムを策定し運用している。フォンテラにはSDA（Sustainable Dairy Advisors）という、酪農の高い知見を有するアドバイザーが多数おり、酪農家ごとに毎年数十ページに渡る詳細なレポートが発行される。このレポートの主な目的は、酪農場ごとの環境リスクの特定やサステナビリティ向上のためのプラン策定・実行、管理運営上の問題点の分析や改善プラン策定といったものである。

　具体的な例としては、GIS（地理情報システム）データを活用し土壌の状態や土壌中の栄養素、灌漑や廃水、水路と生物多様性など様々な点から酪農場全体のマッピングを行い、詳細な分析がされている。これらは環境保全にも大きく関わる部分であり、サステナビリティ向上の観点でのリスクや問題点の洗い出しとともに改善プランが策定され、進捗についても報告される。2018年から始まったこのプログラムは2021/22年度末現在でフォンテラ契約酪農家のうち71％に導入されており、2025年に100％を目標として導入を進

めている。

　温室効果ガス削減に向けた取組みについても農場環境プランのレポートに含まれており、酪農家ごとに取組みが行われている。実際には乳牛から排出されるメタンガスが酪農場における温室効果ガス排出量の大きな部分を占めており、これに関しては、フォンテラが現在行っている取組みがより有効な対策になるはずである。

6．乳牛からのメタン削減の取組み

　酪農場での温室効果ガス排出量については、前述の通りNZは世界で最も低いレベルであるが、その半分以上を占めているのが、牛の胃から排出されるメタンガスである（これは他国でも一般的には同様である）。メタンガスは二酸化炭素の約28倍の温暖化効果があると言われ〔34〕、温室効果ガス排出量にもインパクトを与える要素である。乳牛から排出されるこのメタンガスをいかに低減させるかが更なる環境対策として重要であり、従来の技術では解決しきれなかった部分でもある。

　フォンテラでは、農場環境プランを始め酪農場での環境対策については既に高い水準で管理がされており、温室効果ガスの排出も世界トップレベルの少なさが実現されているが、そこからさらに大きな前進を目指し、乳牛から排出されるメタンガスを削減すべく主に下記3つの取組みを行っている。

①KowbuchaTM（カウブチャ）の開発
　➤ フォンテラ研究開発センター（FRDC）にて、長年蓄積してきた発酵に
　　関する知見などを活かし、牛の胃のメタン細菌を抑制し、”ゲップ”で
　　排出されるメタンガスの低減を目標とした飼料添加材の研究開発を行っ
　　ている。ラボベースでは最大20％のメタン削減効果が得られることが確
　　認されており、実際の酪農環境における効果を検証するため、酪農場で
　　のトライアルが行われている。またこれにより乳牛の胃腸を健康に保つ
　　ことで、動物福祉や健康の向上にも貢献することができる。

②海藻を使用した飼料の開発

> 豪州Sea Forest社とパートナーを組み、海藻を飼料に使用する研究を行っている。NZ南島や豪州南部の海に存在する海藻であるAsparagopsis（カギケノリ）を補助飼料に使用するトライアルを600頭以上に行い、動物福祉や食品安全の観点では問題無いと見られている。より大きな規模で行った場合の生乳生産に与える影響などの精査が現在行われている。CSIRO（豪州の政府系研究機関）が、Asparagopsis（カギケノリ）は乳牛からのメタンガスを80%以上削減できるポテンシャルを有しているとラボベースの研究で報告している。

③DSM社との協業による飼料添加物の使用

> オランダのサイエンス企業Royal DSMと協定を締結し、同社の開発した飼料添加物Bovaer®を使用することによる、乳牛からのメタン排出量削減方法が検討されている。DSM社では、牛1頭あたり1日小さじ1/4杯のBovaer®を与えることで乳牛のメタン排出を約30%削減できる効果が、放牧以外の酪農形態において確認されている〔35〕。放牧酪農での効果を検証するため、現在NZ国内でトライアルが行われている。

　メタンガス削減を目標としたこれらの取組みは、まだ開発中ではあるものの着実な前進を見せている。もし実用化が現実となれば、更なる温室効果ガス削減に向けた革新的なステップとなり、環境対策の重要な一歩であるとともに、NZ産グラスフェッドのより一層の価値向上に繋がるはずである。またNZだけでなく、世界の酪農にも大きなインパクトを与え得るものとなる。
　これらメタンガスに関するもの以外にもフォンテラは環境に関する様々な取組みを行っており、一部を次項にて紹介する。

7．環境に関するフォンテラの主な取組み

　フォンテラが環境に関して行っている取組みは多数あるが、主なものとし

て以下を紹介する。これらは環境汚染対策や温室効果ガス対策に有効なものである。

▶サステナブルパッケージ

　フォンテラは2025年までに製品の全てのパッケージを再利用可能、リサイクル可能、もしくは堆肥化可能な素材に置き換えることを目標とし、より環境にやさしいパッケージへの切り替えを進めている。2021/22年度末現在、89％のパッケージがリサイクル可能な素材となっている。これはNZ環境省が主導している「New Zealand Plastic Packaging Declaration」という宣言に署名し取り組んでいるプロジェクトである。

▶バイオマスの燃料使用

　フォンテラの主要拠点の一つであるテアワムツ（Te Awamutu）工場において、主要エネルギー源である石炭を、2020年に木材ペレット（木質バイオマス）に置き換えた。これによりフォンテラのNZ国内における石炭由来の温室効果ガス排出量を約11％削減することが可能となった。木材ペレットはローカル企業とパートナーを組み、近郊の製材所から出る削りくずや端材などを再利用する形で製造されており、ペレット製造時には地熱エネルギーを使用し、サステナブルなプロセスを用いている。省エネルギー化を推進している政府系機関のEnergy Efficiency Conservation Authority（EECA）とパートナーシップを組んでの取組みである。

▶植物由来のミルクボトル

　2020年10月、フォンテラAnchor（アンカー）ミルクのBlue（２リットル）にサトウキビ由来のボトルを採用し、従来の化石燃料由来ボトルが代替されることとなった。ブラジルにてサステナブルに生育されたサトウキビ由来の高密度ポリエチレン（HDPE）を生産し、それを使用しプラスチックボトルをNZで製造したものである。このミルクボトルは100％リサイクル可能

であり、フォンテラが2025年を達成目標にしている、全てのパッケージを再利用可能、リサイクル可能、または堆肥化可能な素材に置き換えるというコミットメントに合致するものである。

▶カーボンゼロミルク

　2020年7月、スーパーマーケット大手のフードスタッフとの協業にて、NZ初のカーボンゼロミルクである「Simply Milk」を上市した。これはSimply Milkに関わる酪農場〜工場〜消費者の工程にて、製品に係る温室効果ガス排出量を管理・把握し、政府系の環境調査・支援機関であるToitū Envirocareが承認している再生可能エネルギーや森林再生プロジェクトでの削減量とオフセットすることで、同機関よりカーボンゼロの認証を受けている。

▶カーボンゼロオーガニックバター

　2021年、フォンテラNZMPのオーガニックバターにカーボンゼロ認証のラインナップが加わり、アメリカ市場向けに上市された。この製品もToitū Envirocare（政府系の環境調査・支援機関）によって認証されており、カーボンゼロミルクと同様の方法にてカーボンゼロ認証を受けている。

　これらのプロジェクトはフォンテラが行っている重要な取組みであり、今後も引き続き注力していく分野である。そのうえで、環境にもやさしくサステナブルなニュージーランド型の放牧酪農がこれらの根本にあり、サステナビリティの中心となるものである。

　そしてこのNZ型放牧酪農を日本にも広めることにより社会貢献を目指す活動として、フォンテラは「ニュージーランド・北海道酪農協力プロジェクト」に参画している。社会的意義の大きいこのプロジェクトについて、次項にて紹介したい。

第4節　ニュージーランド・北海道酪農協力プロジェクト（ニュージーランド型放牧酪農を通じた社会貢献活動）

　NZと日本は、農業分野、特に酪農分野において貿易、投資を行ってきた長い歴史を有する。2013年9月のNZのグローサー貿易大臣（当時）が来日時に、シンクレア駐日大使（当時）とフォンテラの幹部と共に北海道を視察し、既に長年にわたり放牧酪農における技術交流があった北海道での協力プロジェクトの可能性について北海道酪農関係者から話を受けたことがきっかけで構想が練られた。その後、グローサー貿易大臣は同プロジェクト構想について林農林水産大臣をはじめ担当閣僚へ紹介した。また、同年10月にはNZのデビット・カーター国会議長が安倍首相、林大臣（当時）と面談した際にも本構想について言及した。これを受けて、NZ政府の担当省庁であるNZ外務貿易省およびニュージーランド第一次産業省は、ニュージーランド大使館を通して、フォンテラ、デイリー・ニュージーランド（酪農団体）と共に北海道における酪農協力の可能性を検討した。

　事前調査の結果、北海道庁、ホクレン、酪農家からの協力が得られ、NZの放牧技術を生かすことで、酪農家の生産性、経済性を向上できると判断し、5戸の酪農家に協力してもらい、2014年にプロジェクトがスタートした。最初の2年は、各農家の土壌分析、放牧面積、採草面積、牧草の発育、収量等、また補助飼料の給餌量、生乳生産量等経済的なデータを収集・観察し、現状分析を行った。その結果を精査し、改善策を提案し、次の2年間にわたり実践してもらった。同じ内容のデータを継続して集計した結果、牧草の栄養価が飛躍的に改善され、コストの多くを占める購入飼料代が大幅に削減され、その分利益が増え、また放牧することで労働時間の短縮にもつながった。NZの放牧技術を生かした牧草管理手法が北海道でも効果的であることが証明された。これらの検証結果を、酪農家を始め関係者にも共有し活用してもらうため、札幌を始め、酪農の盛んな地域で、オープンセミナーが開催された。

　プロジェクトの活動として、協力農家の改善策の実施・実証の他に、協力農家の地域毎に近隣の放牧酪農家や酪農関係者を集め、定期的に会合を開き、協力農家の取組みや改善点を共有してもらい、近隣農家が抱える問題点を自由に話すことができる機会が設けられた。NZでは、ディスカッショングループ（Discussion Group）と言い、収益改善の成功例や失敗例等を共有し、自分の農場経営の改善につなげる仕組みがある。北海道でも既に放牧研究会といった情報交換を行っているグループの存在する地域もあるので、そのような地域では更に会を発展させて、放牧技術のみならず、農場経営についてもオープンに話し合えるような場になるように想定された。家族経営の農家はそれぞれが事業主であり、北海道のなかでも地域、天候、農場の規模等の条件の違いで牧場運営が異なり、事業主である酪農家は全ての経営判断を自分で決断しなければならない。放牧している酪農家は北海道でも10％くらいなので、相談できる相手がいることはとても心強いという酪農家からのフィードバックが得られている。

　NZの放牧技術を生かして、北海道の酪農家の利益向上を目指したこのプロジェクトは当初想定していた以上の結果が達成された。NZの持つ文化や社会性が、このプロジェクトを通して日本人の持つ旧来のやり方、考え方に影響を及ぼしたことはこのプロジェクトチームの想定外であった。日本でも放牧酪農は、女性の経営への参画や働き方改革にもつながる、労働時間を積極的に短縮し家族と過ごす時間や趣味の時間を増やすといった、酪農家の生活スタイルを変えるきっかけにもなっている。プロジェクトは2018年に当初の４年間を終了したが、その後も継続して普及活動に取り組んでいる。経営の改善に成功した酪農家に協力してもらい、放牧酪農を目指す酪農家へ、自分の成功体験を語ってもらったり、指導や助言の機会を設けたりしている。また、幅広い地域の酪農家にも参加できるようオンラインセミナーを開催し、基本的な牧草管理を始め、ゲストにNZの酪農家に参加してもらい、彼らが取り組んでいる環境対策や酪農先進国ならではのユニークな取組み（一日一回搾乳、育成牛の管理方法など）も披露してもらっている。

今後も放牧酪農の普及活動を色々な形で続け、日本の酪農産業を衰退させないためにも、若い人が進んでやりたい職業になるよう貢献できればと考えている。日本国内、特に北海道で生産されるフレッシュな牛乳、乳製品は国内の乳製品市場の発展に必要であり、フォンテラにとっても国内乳製品市場の発展はさらなるNZ産乳製品の普及にもつながるため、このプロジェクトは双方にとって有益なものと認識されている。

第5節　ニュージーランド乳業界におけるフォンテラのこれから

　ここまで述べてきた通り、NZの乳業界は長い歴史の中で酪農家の継続的な努力や大規模な業界再編などを経て成長を遂げ、今日の酪農大国としての地位を築き上げてきた。そして現在その中心にあるフォンテラは、グローバルでの規模拡大を見据え海外に生乳拠点を広げる戦略を推し進めてきたが、2019年には、NZのミルクの価値を最大化するというフォンテラの原点に立ち返ることとなり、その後2021年に、2030年に向けた長期戦略としてさらにフォンテラの強みにフォーカスした形にアップデートされている。その原点回帰の戦略の中心にはサステナビリティがあり、NZ特有の放牧酪農を始めとした、特に環境に関する部分がその根幹を担っている。

　世界的な乳業メーカーの一つでありNZ最大規模の企業でもあるフォンテラにとって、サステナビリティを追求し、NZ型放牧酪農や独自の取組みによって持続可能な酪農や乳製品を実現していくことは、今後のNZ乳業界の更なる発展を担う意味でも非常に重要なものといえる。フォンテラは今後も乳業界をリードするべく、乳製品そのものだけではなく「健康な人々」「健全な環境」「健全なビジネス」といった軸をベースにした様々なサステナビリティへの取組みをこれからも継続的に進め、またそれらを通じてNZ乳業界の発展はもちろんのこと、サステナブルな社会の発展に貢献していくことが、これからのフォンテラの一つの役割である。

注

1）A2ミルク：牛乳に含まれる β-カゼインにはA1とA2の2タイプがあり、A2タイプの β-カゼインのみで構成される牛乳はA2ミルクと呼ばれる。消化管に炎症を起こしにくく吸収が良いと言われており、ニュージーランドなどで近年シェアが拡大している。A2ミルクはA2タイプの遺伝子のみを持つ乳牛から取れるが、一般にホルスタインが持つ遺伝子はA1タイプが多く、ジャージーやブラウンスイスなどはA2タイプが多いと言われている。

2）DairyNZの統計によると、2014/15シーズンに500万頭に達したのがピークでその後は500万頭を切っている。

3）DairyNZによると、2021/22シーズンは1頭あたり4,291リットル（約4.4トン）でここ数年はほぼ横ばいである。

4）国外ではオーストラリアに8工場、その他の地域に計12工場を有している。

5）ニュージーランドで製造されたフォンテラの乳製品は、世界130以上の国と地域に輸出されている。

6）主な撤退事業としては、オランダのフリースランドカンピーナとの合弁で設立され医薬品や栄養補助食品などを手掛けるDFE Pharma（2019年撤退）、中国企業との合弁で中国国内で酪農場を運営するChina Farms（2021年撤退）、同じく中国にて育児用粉乳を中心に乳製品販売などを行うBeingmateへの資本参加（2021年撤退）、南米での乳製品販路拡大を視野にブラジルにてネスレとの合弁で設立されたDPA Brazil（2023年撤退完了予定）などがある。

7）温室効果ガスは主に二酸化炭素、メタン、亜酸化窒素が含まれる。FPCMはFat and Protein Corrected Milkの略で、成分値の異なる生乳を同条件で比較するため乳脂肪4.0％乳タンパク3.3％相当に換算された乳量のこと。

8）消費量ベースでの牧草飼料割合の平均値。牧草は、牧草サイレージ、乾草、飼料作物（主にマメ科およびアブラナ科植物）が含まれる。牧草以外の飼料は、乳濃縮物、コーンサイレージ、パーム核搾りかすが含まれる。

9）搾乳時間や搾乳場への移動時間を除いた時間のうち、牧草地で過ごす割合。牧草地以外の時間は、給餌エリアや休息エリアで過ごしている。

10）①飢え、渇き及び栄養不良からの自由、②恐怖及び苦悩からの自由、③物理的及び熱の不快からの自由、④苦痛、傷害及び疾病からの自由、⑤通常の行動様式を発現する自由、の5つが定義されている。

参照資料

〔1〕Stats NZ, March 2023

〔2〕FAO. 2022. Food Outlook - Biannual　Report on Global Food Markets. Food Outlook, November 2022. Rome. https://doi.org/10.4060/cc2864en

〔3〕FAO. 2022. Food Outlook - Biannual Report on Global Food Markets. Rome.

https://doi.org/10.4060/cb9427en

〔4〕 NZ Productivity Commission - The Dairy Sector in New Zealand: Extending the Boundaries, Dec 2020

〔5〕 Takeovers Panel: https://www.takeovers.govt.nz/transactions/transactions-register/open-country-dairy-limited/

〔6〕 Yili Group: https://oceaniadairy.co.nz/yili-group/

〔7〕 Synlait Milk Annual Report 2020 - P.162

〔8〕 Synlait Milk Annual Report 2020 - P.31, 122

〔9〕 NZX announcement: https://www.nzx.com/announcements/297747

〔10〕 NZX announcement: https://www.nzx.com/announcements/321694

〔11〕 Vinamilk: https://www.vinamilk.com.vn/static/uploads/documents/tldn/20120705-Corporate-Presentation.pdf （P.5）

〔12〕 Mataura Valley Milk - Our history : https://mataura.com/company/

〔13〕 Open Country Dairy - Global Dairy Exports : https://www.opencountry.co.nz/about-us/global-exports/

〔14〕 Open Country Dairy : https://www.opencountry.co.nz/

〔15〕 USDA - Dairy and Products Annual New Zealand, Oct 2021

〔16〕 MPI及びStats NZの統計データより算出。

〔17〕 輸出額ベース。Ministry of Primary Industries - Situation and Outlook for Primary Industries, June 2021, P9

〔18〕 World Integrated Trade Solution - New Zealand Trade Summary: https://wits.worldbank.org/CountryProfile/en/Country/NZL/Year/LTST/Summary

〔19〕 Lewis Evans （2004）, Structural Reform: the Dairy Industry in New Zealand, P.8

〔20〕 DairyNZ Annual Report 2020/21, P65

〔21〕 Rabobank, Global Dairy Top 20, 2022

〔22〕 LIC: https://www.lic.co.nz/about/our-history/

〔23〕 LIC: https://www.lic.co.nz/shareholders/welcome-lic-shareholder-centre/

〔24〕 LIC: https://www.lic.co.nz/about/about-lic/

〔25〕 DairyNZ - About us : https://www.dairynz.co.nz/about-us/

〔26〕 Ministry of Agriculture and Forestry, May 2004 : https://www.mpi.govt.nz/dmsdocument/4445/direct （P.1）

〔27〕 DairyNZ - Inside Dairy : May 2020, P.12

〔28〕 DairyNZ - Investment : How much is the levy? https://www.dairynz.co.nz/about-us/how-we-operate/investment/

〔29〕 Fonterra: https://www.fonterra.com/jp/ja/our-stories/articles/everyday-

butter-judged-to-be-something-special.html
〔30〕Fonterra: https://www.fonterra.com/nz/en/our-stories/articles/our-home-of-milk-goodness.html
〔31〕Fonterra NZMP: https://www.nzmp.com/global/en/about-nzmp/innovation-and-ingenuity/the-fonterra-research-and-development-centre.html
〔32〕IFCN Long-term Dairy Outlook, June 2018. P3
〔33〕DairyNZ - Jan 27th. 2021 "Research shows NZ dairy the world's most emissions efficient"
〔34〕IPCC - Global Warming Potential（地球温暖化係数），AR5による
〔35〕Fonterra: https://www.fonterra.com/nz/en/our-stories/media/fonterra-joins-forces-with-dsm-to-lower-carbon-footprint.html

第4章

タツア協同酪農株式会社による高付加価値乳業戦略

ティム・ウィンター　Tim Winter

　タツア協同酪農株式会社は、1914年に設立されたニュージーランド（以下NZ）で最も古い乳業会社である。酪農家が供給する生乳の量を増やすことに基づく戦略を追求するのではなく、技術的に高度な製品の製造と販売を通じて既存の生乳供給に付加価値を与えることで定評がある。タツアにとって、この戦略は数十年に亘り成功していることが実証されており、酪農家である株主は自身の生乳に対して優れた利益を享受している。そのため、タツアの集乳エリア内の酪農場の地価は、国内で最も高くなっている。

第1節　タツア協同酪農株式会社の歴史

1．タツア協同酪農株式会社の位置

　タツア協同酪農株式会社（以下タツア）は、NZ北島北部の国内最大の酪農地帯であるワイカト地域にあり、中心都市のハミルトンから北東32kmの人口8,500人（2022年）のモリンズビルという町にある。タツアの組合員（株主）数は104牧場で、会社（工場）から半径12kmに集中している。工場は本社工場のみで、社員数は約400人である。2021/22年集乳シーズンの売上高は444百万NZドルである。

2．タツアの設立後の展開（1910年代〜1970年代）

　タツアの歴史を通して、タツアが取った決断と方向性には一貫したテーマがあった。

　すなわち、第1に協同組合にとって長期的に正しい判断のもと、株主の投資へのリスクを管理しながらビジネスチャンスを得るために、十分に研究さ

れた慎重な金融投資を行うことに集中してきた。第2に顧客ニーズへの高い
レベルの認識と変化し続ける市場の状況への意欲的な対応を行ってきた。第
3に非常に強い自立である。タツアは当初から、他の乳業会社への参加のオ
ファーを受けてきた。しかし、株主はタツアを所有する意識が強く、タツア
に属することに誇りを持っていたことから、タツアは他社との合併には応じ
なかった。新たな事業を構築することで、より良い長期的な未来が待つとい
う自身の信念にコミットしているため、すべてのオファーは検討されたが、
合併は受け入れられるものではなかった。第4にタツアの生乳に付加価値を
加え、タツアの市場、製造能力、及び原料を補完する製品を製造するための
今も続くイノベーションのカルチャーを有している。

　タツアは、1914年6月、7人の酪農家のグループが弁護士ステファン・ア
ランのモリンズビル事務所に集まり、
タツア協同酪農会社を設立するため
の同盟の書類に署名したことからス
タートした。3ヶ月後、地元の人々
100人がタツアに集まり、新しい乳
業会社の開所式を行い、小さな工場
の2つのチーズタンクを使い製造を
開始した（**写真1**）。

写真1　創業当初のタツア

　1900年代初頭は、ワイカト地域が
大きく変化した時期であった。1890年代の経済の悲惨な時期を経て、この地
域の羊と肉牛用の広い土地を分割することにより、急速に酪農場が建設され
た。ヨーロッパでは、タツアが設立されてからわずか数週間後に第一次世界
大戦が勃発した。大戦中、NZ政府は、大英帝国の軍隊や民間人への食糧供
給を支援するために、NZの乳製品をすべて買い上げた。そのことで製品の
需要が高まり、価格が上昇したことで地元に新しい酪農場が設立され、タツ
アの工場はすぐにフル能力で稼働され、開所式から1年後には工場の規模は
3倍になった。その後、タツアは商業的成功への道を順調に進んでいった

（写真2）。

タツアは何年もの間チーズを作り続けた。品質の高い製品で名声を築き、この地域で最大のチーズ製造会社となった。しかしながら、この間にカゼインが英国のバイヤーに非常に人気のある製品になった。新しいカゼイン製品は、第二次世界大戦後の急速に発展しているプラスチック業界によって、カトラリー（ナイフ・フォーク・スプーン）の持ち手や宝飾品から接着剤や光沢紙コーティングに至るまで工業用に使用されていた。

そこでタツアは新しいカゼイン製品と最適な製造方法について学ぶために、ヨーロッパに従業員を派遣した。その一方、チーズ工場が古くなり、近い将来大規模な改築が必要になることを認識しながらチーズの製造を続け、新しいカゼイン産業に投資する計画を立てた。

1939年に第二次世界大戦が始まると工場を工業用カゼイン製造工場として改築するタツアの計画は保留となった。これも政府がヨーロッパの戦争継続に向けて食糧を供給する目的でチーズの製造を要求したためである。戦争が終わると、タツアはカゼイン工場計画を復活させ、1946年にチーズの製造をやめてカゼインの製造を開始した。

1950年、第二次世界大戦後の英国内でのカゼインの高価格によって負債を増やすことなく新工場への投資を可能にした。さらに健全なバランスシートによってタツアは粉乳ローラードライヤーを導入した。この投資により、タツアは市場の需要に応じてプロダクトミックス（製品および製造ライン）を変更でき、株式を保有する酪農家は、会社に供給した生乳から得られる最高の利益を享受できるようになった。タツアは1950年代を通して好調で、工業用カゼインと粉乳の両方を販売し、株主酪農家に対し業界トップの生乳の価格を支払うだけではなく、バランスシートに健全な準備金を生み出し続けた

（写真3）。

しかし、1950年代後半タツア役員
会は、アメリカの粉乳工場が新しい
噴霧乾燥技術を活用した製造を開始
したため、ローラー乾燥粉乳が急速
に時代遅れになっていることを確認
した。さらに、タツアの工業用カゼ
イン製造工場も古くなり、製造への
信頼性と修理費用がタツアの業界で
の地位を維持する上で大きな障害に
なりつつあった（写真4）。そこで、
役員会は次の大規模な投資が必要
であることを認識し、バランスシー
トをさらに強化することで、新し
い工場投資が行われるまで工業用
カゼイン工場の寿命を延ばすため
の低コスト構想を模索する取り組
みを開始した。

写真3　1950年代のタツアのミルク
タンカー

写真4　1957年のタツアヌイ集落─
タツアが左下に見える

　1963年、タツアは新たな投資を行う準備が整った。それまでタツアが製造
していた工業用グレードの製品とは対照的に食用の乳酸カゼインは、市場で
必要とされている最新の新製品であり、粉乳噴霧乾燥施設を建設するよりも
大幅に安価な投資であった。1964年、過去数年間に蓄積された会社の準備金
から現金で支払い、タツアの新しい食用乳酸カゼイン工場が稼働を開始した。
　しかし、食用カゼイン工場が稼働したのと同じ年の1964年、建設されたば
かりの食用カゼイン工場と比較して、噴霧乾燥された粉乳の方が株主への長
期的な利益に優れているという市場情報が示された。そこで会社と株主の長
期的な利益のために噴霧乾燥工場オプションを追求する必要性を認識し、タ
ツア役員会は噴霧乾燥機導入計画作成を策定した。1965年、タツアの43名の

株主に対して、カルター噴霧乾燥機導入の計画が提示された。直近の食用カゼイン工場の建設によって会社の準備金が枯渇したにもかかわらず、会社の将来のためには噴霧乾燥機へのさらなる投資が必要であると提案された。株主の会議において、噴霧乾燥機が粉乳の製造だけでなく、はるかに広い範囲のスペシャリティ粉乳事業に参入できるようになる複数の将来の製品の選択肢を得ることが認識された。株主は満場一致で新しい噴霧乾燥機への投資に同意した。

　新しい噴霧乾燥機のビジネスケースは粉乳の製造の革新をもたらすことが期待され、ニュージーランドデイリーボード（NZDB）はタツアに粉乳を製造するためのライセンスを発行した。さらに、NZDBとタツアの両者は、タツアが最近食用カゼイン工場を導入したこと及び今後導入する噴霧乾燥機により、タツアがカゼインナトリウム（新しい可溶タイプのカゼインタンパク）を試験的に製造するのに適していることに合意し、1966年にはタツアの主な製品ラインとなった。このイノベーションにより、タツアはNZDBの研究プログラムからの製品の商品化するための優先工場になった。1970年頃にタツアがNZDBの最初のインスタントタイプ全脂粉乳のNZテスト工場となったこともその一つである。

　これらのプログラムと開発プロジェクトを受け入れたタツアの高い評判は、タツアがNZDB研究所から人材を受け入れるとともに、業界全体から熟練した技術スタッフを引き付け、今日まで続くタツアのイノベーションカルチャーの発展へとつながった。

　タツアのカゼインタンパク事業が成長するにつれ、酪農家から供給された生乳のクリーム部分が付加価値をもたらす新しいビジネスチャンスであることが明らかになった。当時、余った生

写真5　最初のエアゾールクリーム「デイリーホイップ」

クリームはタツア製品の製造に使われるのではなく、タツア近郊のバター工場に送られていた。そこで1970年代には、タツアは南半球で製造される唯一のエアゾールクリームを開発し、NZとオーストラリアで製品の販売を開始した（**写真5**）。

3．近年の動き（1980年代以降）

1980年代後半と1990年代は、タツアの将来を決定づける年代となった。ロングライフのさまざまなスペシャリティクリーム製品を製造するためのUHT処理及び包装設備に投資し、カゼイン乾燥専用の2つ目の噴霧乾燥機を建設し、また限外ろ過ラインを導入して、カゼイン製造から出るホエイをホエイタンパク濃縮物に加工できるようにした（カルタードライヤーを改良して乾燥した）。さらにラクトフェリン及びタンパク酵素加水分解物製品の製造を商業化することを任務とする生物学ビジネスユニットを開始した。

繰り返しになるが、これらの新しい取り組みは、すべて既存の株主に長期的な価値を付加する十分に検討された投資によって、製品が販売される市場の状況をモニターし、価値を付加して新製品を創り出す革新的なアイデアを採用するというタツアの歴史的な理念と合致していた。新しい株主と彼らが協同組合に持ち込んだ生乳は、タツアに付加価値を与える限り歓迎されたが、これは工場の生乳処理能力によって制限された。タツアは生乳処理能力のみの成長のために新たな投資をしたくはなかった。これらの投資は、ベーシックなコモデティ乳製品よりも顧客にとって価値のあるものを製造するために必要であった。

第2節　乳業界の統合とタツアの対応

1．ニュージーランドデイリーボードの役割と乳業界の統合

NZDBは1923年に設立され、一連の権利と責任を持ってNZの乳製品を輸出する法制度上唯一の販売業者であった。かつてはNZの何百もの小さな乳

業協同組合の乳製品を代表して輸出販売していた。その理念は、NZの乳製品の海外での販売のすべてはNZDBによって行われ、どの協同組合が必要な製品を製造するかを調整し、市場の需要とNZのすべての酪農家からの制約のない生乳供給とのバランスを取るというものであった。

　NZDBは各協同組合に製品の製造コストを支払い、各集乳シーズンの終わりに供給した乳固形分（タンパク質と脂肪）の量に基づいて、販売による収益を各協同組合に分配する。その後、各協同組合はこれを酪農家に分配するというものであった。

　理論的には、NZのすべての酪農家は、NZDBの収益の分配に基づいて供給した生乳に対して公平に支払われるべきであった。他方、協同組合が酪農家に実際に生乳に支払った金額は、株主酪農家にとって非常に関心の高い、競争の激しい分野であった。NZDBは、さまざまな製品の製造に対して協同組合に公平に支払うために、各製品（バター、チェダーチーズ、全脂粉乳、脱脂粉乳、カゼインナトリウムなど）の公式コストモデルを運用した。各コストモデルは、各製品を製造するための効率的な乳製品工場にかかるコストの詳細な理論的な内訳を有していた。その後、この費用は実際にそれらの製品を製造した協同組合に支払われ、理論的には製造コストをまかなうが、株主酪農家に渡る利益は含まれていなかった。NZDBからの酪農家への支払いは、すべての乳製品の販売から得た収益を、NZDB向けに製造された製品に供給された乳固形分量基準で平等に各協同組合に割り当てられた。

　「コストモデルを打ち負かす」ことが、ほとんどのNZの酪農協同組合の焦点となった。NZDBのコストモデルに基づき実際に支払われた金額より低いコストで製品を製造することは、酪農家への生乳の支払いとNZDBの製造コスト支払いから生じる利用できる資金が確保できることを意味した。毎年度末に、各協同組合の株式保有酪農家への最終的な支払い額（ペイアウト）において、どの協同組合が「勝利」するか注目を集めた。

　これにより、顧客と市場の要求に直面したのはNZDBであったため、全ての酪農協同組合は非常に効率的な生乳の加工業者となり、加工コストに重点

66

が置かれたことを意味した。ある時点で、製造効率を上げることは、処理する原料の規模を増やすことを意味する。そのため、NZの酪農協同組合は合併の期間を経て、それによってますます大きな新しい工場を建設できるようになった。

　しかし、タツアは別の方向に進んだ。90年代に行った投資は、大規模な改築を必要とせずに生乳の処理を継続するのに適した工場があったことを意味した。そのため、他の協同組合と合併して新しい大規模な工場を建設し、そのコストを負担するというインセンティブはなかった。さらに、タンパク加水分解物、ラクトフェリン、UHTクリームなどの高度な製品への投資は、経済的利益をもたらし始めていた。したがって、タツアの収入の大部分はNZDB及びタツアカゼイネートのコストモデルシステムを介してもたらされたが、さらにタツアのスペシャリティ製品からもたらされる十分な追加の収入があった。そのため、タツアが既存の生乳供給から付加価値製品製造の戦略を追求することによる潜在的な利益は、他の協同組合と合併してコモディティ製品の製造の効率を高めることによって得られるよりも株主酪農家にとってより多くの利益をもたらすものと考えられた。

　2000年まではNZの乳業は2つの大きな協同組合によって支配されていた。当時、NZDBが法制度上唯一の販売業者として業界を調整し、国際的な製品需要を満たすことが正当化されていた。しかし、これら2つの協同組合が合併することで酪農家の生乳を大規模に高度に効率的に処理する製造者を目指すNZの酪農協同組合の旅が終わった。乳業再編法が成立し大規模な協同組合フォンテラが設立された。NZDBとそのすべての国際的な販売ネットワークはフォンテラに吸収された。その結果、タツアとウェストランドミルクプロダクツを除いて、他のすべてのNZの酪農協同組合がその大型合併に参加した。

2．統合後のタツアの対応

　タツアは、NZDBがフォンテラに吸収されたことで、独自の国際販売チャ

ネルを開発し、製造の規模が適切で技術的に高度な製品の分野で製品ライン
アップを拡大し続ける必要があり、それが含まれている乳成分の基本的な価
値に、より大きな利益を追加できるということを強く意識した。

　そのような製品の多くは付加価値製品である。タツアは歴史的にNZDBか
ら輸出許可の形で免除されてきた。これは、NZDBがすべての乳製品のNZ
からの輸出を管理する法的な権限を放棄するメカニズムであったが、タツア
などの企業にとっては製造業者が顧客との直接的な関係を必要とする高度な
製品群としての事業の一部であり、NZDBの関与は業界に利益をもたらさな
いであろうことを認識していた。

　このことは、NZDBがフォンテラに吸収された時点で、規制緩和前の他の
ほとんどのNZの酪農協同組合とは異なり、タツアはすでに市場で十分に確
立された関係を築いていたことを意味した。タツアが国際的な販売ネット
ワークを発展させるための優れた基盤となり、NZDBの監督下からタツアが
自社製品の販売及び商業的な活動を独立して責任を負う体制への移行は、か
なりスムーズに行われ、タツアの歴史的に関係する顧客に歓迎された。

３．タツアと日本市場の構築

　NZの乳業界の統合前から、タツアは付加価値の高い原料ビジネスを構築
するために、すべての国際市場の中で日本に注目してきた。日本の食品会社
と乳業会社は、革新的な新しい原料の効果的な開発者であり、日本のトクホ
制度は消費者に特定の生理学的な利点を提供する機能性食品の商品化を奨励
した。これらの日本企業の多くは、彼らの特殊な原料を製造するための品質
の高い乳原料の確実な供給源と、それらを製造するための信頼できる製造者
を探していた（図１）。

　そこで、タツアはこのニーズを満たすのに適切なポジションにあり、日本
企業の要望に応えるべく熱心に実行した。タツアは信頼性が高く、品質の高
い生乳供給源を兼ね備えた適切な規模のNZの酪農協同組合として、高度な
製造要件を持つ顧客のニーズに合わせて、製造工程の構成を迅速に変更でき

図1　タツア製品の販売先と支社

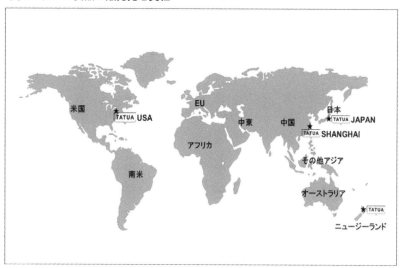

る工場もあった。また、研究者、技術者、製造管理者などのスタッフがおり、皆、顧客が工場に持ち込む新しい工程に刺激を受けた。NZの他の新規大規模工場と異なり毎日到着する大量の生乳の圧力を受けずに、これらの新しい工程を商品化する余地があった。タツアはまた、日本の顧客が必要とする新しい機能性成分を喜んで製造したが、これらの日本の顧客にとって競争上の脅威とはならない会社であり、日本市場で彼らと競争することは決してなかった。タツアは、日本の技術チームが新しい機能性成分を開発するために、タツアのスタッフと一緒に工場で作業を行ったため、タツアで数週間を過ごすことも珍しくなく、顧客との深い関係を築くことができた。

　この日本市場への取り組みは、タツアを維持するための取り組みが求められ、NZDBが利用できなくなった後、独自にビジネスの関係を構築する必要があることを意味した。2004年に、日本の顧客との深い関係を築き、大切な日本の顧客とのコミュニケーションを促し、新しい機会を追求することを使命としたタツア・ジャパンが設立された。このモデルはうまく機能し、10年以上後に、タツアUSA及びタツア上海の設立の際にモデルとなった。

第3節　タツアの商品開発と商品の特性

　1960年代にチーズからカゼイン及び粉乳の製造に転換した後、工場への投資と製造する製品に関するタツアのすべての決断は、生乳に付加価値を与えること（以前は利用されていなかった生乳の一部も利用することも含む）及び既知の市場のニーズと方向性を満たすために慎重に投資するという構想に基づいて行われた。それぞれの投資は、以前の投資によって得られた製造能力に基づいて構築されている。タツアが製造する商品は以下の通りである（図2）。

図2　タツアの乳処理フロー

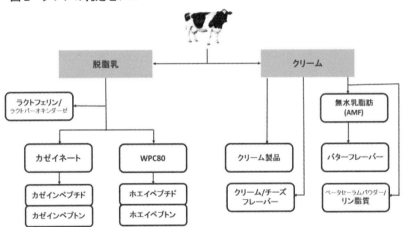

（1）カゼイネート

　カゼインの製造は、食用カゼイン工場を建設した1965年の決断からの当然の結果であり、その後噴霧乾燥機への投資に1年を費やした。タツアカゼインナトリウム「Tatua100」は、現在、最も多く製造されている製品であり、1960年代のこれらの決断の遺産（産物・成果）である。ただし、カゼイネート製品ラインラップに付加価値を付けるにはバリエーションが必要であった

表1　タツア商品ラインアップ

ビジネスユニット	製品カテゴリー	製品	用途
イングレディエンツ	カゼイネート	カゼインナトリウム、カゼインカルシウム、カゼインカリウム、カゼインマグネシウム、低粘度タイプ	一般食品、栄養食品、医療用食品
	ホエイタンパク濃縮物	WPC80、WPC80 ハイゲルタイプ	タンパク強化食品、栄養食品、ヨーグルト等
ニュートリショナルズ	タンパク加水分解物（ペプチド）	カゼインタンパク加水分解物（カゼインペプチド）、ホエイタンパク加水分解物（ホエイペプチド）	一般食品、栄養食品、医療用食品、機能性食品、健康食品
	バイオニュートリエント（ペプトン）	カゼインペプトン、ホエイペプトン、大豆ペプトン等	乳酸菌などの発酵促進、微生物や細胞の培地用
	スペシャリティプロテイン	ラクトフェリン、ラクトパーオキシダーゼ、コアイソレート、リン脂質	一般食品、栄養食品、機能性食品、健康食品
フレーバーイングレディエンツ	乳フレーバー	バターフレーバー、クリームフレーバー、チーズフレーバー、ペーストタイプ、粉末タイプ	油脂製品、製菓、製パン、乳製品
フーズ	ロングライフクリーム	マスカルポーネチーズ、サワークリーム、クレームフレーシュ、チーズソース、エアゾールクリーム	フードサービス、製菓、製パン、乳製品

ため、タツアでは現在、カゼインカリウム、カルシウム、マグネシウム及びこれらのミックスも供給しており、また粘度の異なる製品も製造している（**表1**）。

（2）ホエイタンパク濃縮物

　長年にわたってタツアのカゼイン製造工程から出るホエイの廃棄は問題となっており、可能な場合には液体の動物飼料として地元で利用されていた。ホエイ限外ろ過ラインの導入は、このタンパクを含む液体から価値を得るための当然の投資であった。現在、タツアは、スポーツや乳児栄養から食品のゲル化システムに至るまでの用途を持つ高機能ホエイタンパク濃縮物WPC80を製造している。

（3）無水乳脂肪（AMF）

　2000年にタツア周辺の他の酪農協同組合が合併し、それまでのNZDB及び酪農協同組合間での生乳の処理調整機能が消滅したことで、タツアが液体ク

リームを他の地元の工場に送った長い歴史が危険にさらされた。そこで、タツアの株主がタツアの管理下にある販売チャネルを通じて生乳の脂肪部分の適切な価値を確実に受け取れるようにするために、タツアは2005年に、予期しうる将来にわたってすべてのタツアクリームを処理する十分な能力を備えたAMF工場を建設するための投資を行った。AMFはコモデティ乳製品であるが、タツアは株主酪農家から供給されるすべての乳脂肪が確実に販売される確実なプラットホームであるべきと考えた。その後さらに、タツアはコモデティ乳製品AMFに代わって、UHTスペシャリティクリーム事業の構築を検討した。

（4）UHT滅菌ロングライフクリーム

　タツアは、AMF事業を通じて酪農家の乳脂肪の基本的な販売が確保されたことで、UHTクリーム事業の構築に集中できるようになった。タツアは長い時間をかけて、マスカルポーネチーズ、サワークリーム、クレームフレーシュ、チーズソースなどの粘度の高いスペシャリティクリーム製品を製造するための知識と加工技術を蓄積した。2011年に、UHTクリーム製造に効率と規模をもたらす新しい大規模なUHTクリーム工場が建設され、食品製造に使用する顧客（1000ℓ滅菌充填容器）、フードサービス業界の顧客（3

写真6　タツアデイリーホイップタンク

～20ℓのバッグインボックス）に適した包装形態の製品製造が開始された。そして2018年には、小売用の包装形態（マチ付き、再封可能、冷蔵対応、500～1000mℓの注ぎ口付きのパック）が登場した（**写真6**）。

（5）タンパク加水分解物

　カゼインとホエイタンパクベースの原料があること、またイノベイティブな製品に対応できるスタッフがいること、さらにまったく異なる製造工程に

対応するために工程を数時間以内に再構成できる工場を持っていたことから、タツアはタンパク加水分解物を製造するのに理想的なポジションにあった。当初、これらはスポーツ栄養と基本的な機能性ペプチドを対象としたシンプルな加水分解物であった。長い時間をかけて、これらは乳児栄養のための低アレルゲン加水分解物、及び医療栄養向けの消化性の高いタンパクベースに発展した。現在、タツアはその加水分解物製造に膜分離技術を取り入れ、「低アレルゲン」医療栄養市場向けにタンパク加水分解物を製造し、バイオテクノロジー業界で特定の微生物を培養し、必要な代謝物を生成するために使用される耐熱性の高い光学的に透明に溶けるタンパク質ペプトンを製造している。

　以上のことから、最終的に2015年に加水分解物事業はタツアが3基目の噴霧乾燥機導入計画につながった。1965年の最初の噴霧乾燥機と同じように、株主から全会一致の投資の承認が得られた。

（6）乳フレーバー
　タツアは、酵素を利用してタンパクを加水分解する知識を生かして加水分解物事業を構築した後、新しい酵素を使用して脂肪を分解することにこの知識を活用した。脂肪分解とタンパク加水分解を組み合わせたタツアの技術によって、希釈するとチーズ、クリーム、バターに見られるものと同じ風味プロファイルを得られる濃縮されたペプチドと脂肪酸のプロファイルを持つ製品を製造することができた。これが、2003年以来、製菓、製パン、飲料用途向けの安定した風味の乳フレーバーソリューションを顧客に提供してきたフレーバービジネスユニットの基盤である。

　既に示したように、タツアの事業開発のそれぞれのステップは、すでに持っている原料や工場の資産に付加価値を付け、株主の投資資金を使って現在の事業を維持し、協同組合が株主酪農家に支払う生乳の価値を高め、他の乳業会社が生乳供給を使ってコモデティ乳製品を製造するための大規模な投資の必要性を回避することに基づいている。

第4節　タツアの未来

1．タツアと環境問題

　タツアは現在、長年にわたって市場の期待に応えるように、製品の製造能力を有する技術と工場の基盤を持っている。これらの製造能力を維持することは、現在、日常の活動の一部であるが、一方で将来の戦略の一環で不可欠な新しいプレッシャーと責任が存在する。

　工場は自社の生乳集乳地域の中心に位置しているため、工場の活動の観点からは常に環境への責任が求められてきた。この地域は、タツアのすべての株主（及びタツア役員会を構成する酪農家の代表者）が住み、働いて、彼らの株式保有を確立させる生乳をタツアに供給している、狭いエリア（半径12km）である。地元の環境に悪い影響を与える工場の行為は、これらの株主に直接影響を及ぼし、少数の株主（現在は104軒）においては、地域社会の問題は迅速に提起され、対応されることを意味する（**写真7**）。

　しかしながら、最近は、環境問題の国レベルや社内の重要性がすべての乳製品製造者に影響を及ぼしている。最近の重要な投資は水に関するものであり、節水対策により年間3,100万リットルの水使用量が削減され、タツアの排水処理計画にはさ

写真7　2020年11月のタツアヌイ集落とタツア

らに多くの段階が組み込まれてきた。最終的には排水がこの地域の自然の水域よりもきれいになるという結果が見られるであろう。

　省エネと炭素利用は戦略的な議題の上位にあり、製造工程における炭素利用は十分に理解され、クリーンエネルギー使用の選択が進んでいる。

　タツアは伝統的にすべてのNZの乳製品製造者と同様に、生乳を供給する

酪農事業において、牛乳の品質に関連しないシステムや基準を課すことに消極的であった。

　一方、酪農家は酪農場運営に関して政府機関によって十分に規制されていたこともあり、乳業会社の関心は品質の高い生乳を受け取ることであった。しかし、タツアにとって今やその見方は変わり、協同組合は「タツア360」を導入した。これは、タツアのすべて酪農家に適用される農場運営の品質プログラムである。

　Tatua 360は、以下に関連する酪農場運営をカバーしている。
① 私たちの人々（OUR PEOPLE）――トレーニングと開発、福祉、幸福：
　私たちの人々のコミットメントは、素晴らしい職場を構築し、活気に満ちた繁栄したコミュニティを成長させるためのトレーニングと開発を含み、従業員の福祉と幸福を保証する。
② 私たちの生乳の品質（OUR MILK QUALITY）――生乳供給の管理と品質：
　私たちの生乳の品質の焦点は、私たちが名声を得たように安全で品質の高い乳製品を確実に製造できるように、品質の高い生乳を管理し、安定して提供することにある。
③ 私たちの動物愛護（OUR ANIMAL CARE）――動物の健康、福祉、幸福、管理：
　私たちの動物愛護プログラムは、家畜の健康と福祉に焦点を当てており、酪農場のすべての動物の健康と福祉のためのベストプラクティスを日々達成している。
④ 私たちの酪農場システム（OUR FARM SYSTEM）――バイオセキュリティ、生物多様性、持続可能な慣行：
　私たちの酪農場システムは、バイオセキュリティ、生物多様性の分野を網羅し、将来の世代のために成功する酪農ビジネスを構築するのに役立つ持続可能な慣行を確実にする。

⑤私たちの環境（OUR ENVIRONMENT）——土地、水源、気候環境の
　持続可能性：
　　私たちの環境プログラムには、私たちの土地、水源、気候のケアを含み、
　　将来の世代のために私たちの環境を保護し、育むことが含まれている。
　これは複数年計画であり、世界のタツアの顧客は食品が倫理的かつ環境に
責任を持って提供されているという
サプライヤーからの証拠を求めてい
るため、タツアは引き続き顧客の要
望に応え、信頼できる供給パート
ナーと見なされ続けられるように、
それにより酪農の供給が満たす特定
の目標が要求される（**写真8**）。

**写真8　2021年5月タツアのミルクタ
ンカー**

２．増大するタツアの社会的役割

　タツアは、顧客や株主酪農家に常に気を配ってきた100年以上の歴史を持
つ酪農協同組合として、前世代の仕事が将来の世代に利益をもたらし続ける
という強い責任を負っている。タツアの将来のステークホルダーは、異なる
立場、異なる意見を持つ幅広い人々を含む。すなわち、海外の顧客、地元の
消費者、株主酪農家、NZ及び世界中の全従業員を含み、そしてタツアとタ
ツアの酪農家に商品やサービスを提供するすべての地元企業が含まれる。コ
ミュニティと環境におけるタツアの役割は、商業的な成果以上のものを提供
する必要があることを意味し、今後の100年の戦略では、社会的及び環境的
影響を十分に考慮している。

第5章

ニュージーランドの酪農業界における環境問題への取り組み

大塚　健太郎・井田　俊二

　2015年の国連サミットにおいて、2030年を年限とする「持続可能な開発目標（SDGs）」が全会一致で採択され、2018年1月に開催されたベルリン農業大臣会合においても、「コミュニケ2018『畜産の未来形成——持続可能性、責任、効率』」が採択された。このように、持続可能な畜産については、国際的に関心が高まりつつある。

　ニュージーランド（以下NZ）は、主要な乳製品輸出国の一つであり、同国の酪農における持続可能性への取り組みは、同国の生乳・乳製品生産に影響し、ひいては世界の乳製品需給に影響を与える可能性がある。

　本稿では、NZの酪農における持続可能性の中でも、最も大きな課題となっており、生乳生産に影響を与える可能性のある環境問題、特に水質汚濁および温室効果ガスに焦点をあて、環境規制の現状、行政や業界団体の取り組み、酪農家における環境対策などについて、2019年5月に行った現地調査を踏まえて報告する。なお、本稿中の為替レートは、1ドル＝77円（2019年6月末日TTS相場77.4円）を使用した。

第1節　酪農業界を取り巻く環境問題

1．水質汚濁

　NZといえば、山や河川などの自然に恵まれ、全国土に広がる放牧地を活用して畜産経営を行っており、政府や畜産団体もクリーン・グリーンなイメージを発信しているため、畜産経営と環境問題は無縁のように感じるが、水質汚濁を中心に、環境問題が発生している。その最大の要因となっているのが、酪農の拡大だと言われている。

図 1　乳用牛飼養頭数および 1 戸当たり飼養頭数の推移

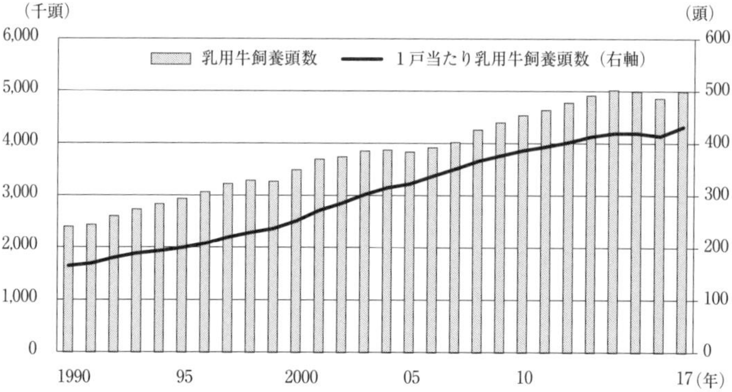

（千頭）　　　　　　　　　　　　　　　　　　　　　　　　　　　　　（頭）

凡例：□ 乳用牛飼養頭数　　━ 1 戸当たり乳用牛飼養頭数（右軸）

資料：デイリーNZ（各年12月末時点）

　NZの乳用牛（経産牛を指す。以下同じ）飼養頭数は、1990年ごろから、国際的な乳製品取引価格の上昇に伴い、規模拡大、新規参入、肉用牛・羊経営からの転換などにより右肩上がりで増加しており、2017年時点では499万頭と、1990年当時の 2 倍になっている（**図 1**）。また、規模拡大により、1戸当たり乳用牛飼養頭数は増加傾向で推移しており、2017年は431頭と、1990年時点の2.6倍になっている。

　その一方、都市化の進展に伴い農地は減少している。多くの一次産業で農地が減少する中、酪農向けの農地は、肉用牛・羊経営からの転換などにより増加しているものの、乳用牛飼養頭数の増加ペースには追いつけず、1 ヘクタール当たりの乳用牛飼養頭数は増加を続け、2017年には2.84頭となっている（**図 2 、3**）。

　1 ヘクタール当たりの乳用牛飼養頭数の増加により、家畜排せつ物由来の窒素やリンなどの河川への流入が増加し、水質汚濁につながっている。水質汚濁は、水中生物の生態系の破壊、藻の大量発生、地下水の汚染などを通して人への健康被害などを引き起こす。

　環境省が2019年 4 月に公表した「Environment Aotearoa [1] 2019」（環境白書）によると、放牧地帯にある河川のうち71%は、窒素量が水生生物の生

図2　用途別農地面積の推移

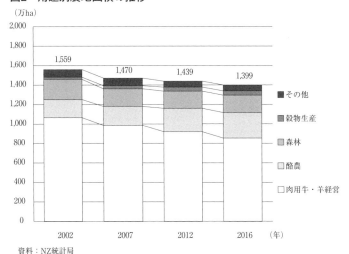

資料：NZ統計局

図3　1ヘクタール当たり乳用牛飼養頭数

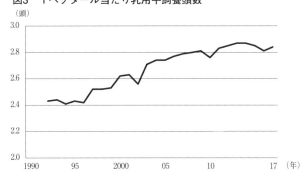

態系に悪影響を及ぼす水準になっている。また、NZでは湖や河川の水質を「遊泳に適しているか否か」という基準で判断しているが、家畜排せつ物の河川への流入により、カンピロバクターなどの細菌数が多くなっており、放牧地帯にある河川の82％は遊泳に適していない水準まで汚染されている。集約的な生産の拡大により、硝酸性窒素の地下水への浸透量は、1990年の年間18万900トンから、2017年には20万トンまで増加しており、特に、ワイカト地域、マヌアツ・ワンガヌイ地域、タラナキ地域およびカンタベリー地域に

おける流出が著しいとされている（**図4**）。1990年時点では、家畜由来の硝酸性窒素流出量の39％が酪農由来、26％が肉用牛由来、34％が羊由来であったが、2017年時点では、65％が酪農由来、19％が肉用牛由来、15％が羊由来と、酪農の割合が大幅に増加していると推計されており、酪農が水質汚濁の主な要因とされている。

2．温室効果ガス

環境省の「New Zealand's Greenhouse Gas Inventory 1990-2017」（NZにおける温室効果ガス排出量に関する報告書）によると、2017年の温室効果ガス総排出量（二酸化炭素、メタン、亜酸化窒素、フロンガスなど）は、1990年と比較して20％増加した（**図5**）。世界全体の排出量に占めるNZの割合は0.17％以下と非常に少ないものの、国民1人当たりで比較すると、世界で7番目に多いとされている。国内の電力の85％程度を水力発電などの再生可能エネルギーで賄っていることから、火力発電などの割合が高い国と比較して二酸化炭素の排出量は少ないものの、基幹産業である農畜産業由来の温室効果ガス排出量が多い。農畜産業における温室効果ガス排出量は、NZ全体の排出量の48％を占めており、経済協力開発機構（Organisation for Economic Co-operationand Development、以下「OECD」という）加盟国平均の4倍となっている。また、NZ環境省によると、農畜産業で発生する温室効果ガスの大部分は、反すう家畜の曖あい気き（ゲップ）由来のメタンが占めている。そのため、温

図4　硝酸性窒素の地下水への流出が著しい地域

図5　温室効果ガス排出量の推移

（百万トン）

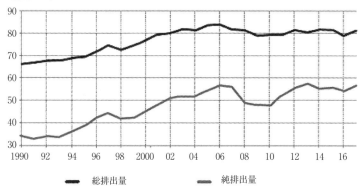

資料：NZ 環境省
注：1）単位は、二酸化炭素に換算された数値。
　　2）純排出量は、「土地利用・土地利用転換・森林」における排出量から吸収量を
　　　　差し引いた数値。

室効果ガス排出量削減のためには、家畜由来の温室効果ガス排出量の削減が
不可欠であり、その半分近くを占める酪農に対する社会的な圧力は大きく
なっている。

第2節　行政および酪農業界の取り組み

1．水質管理

（1）政府の取り組み

　水質汚濁を防止するための水質管理に関しては、1991年資源管理法（The
Resource Management Act 1991）において規定されている。同法は、環境
全般に関して基本となる方向性を定める法律であり、空気、土壌、水などの
天然資源に悪影響を及ぼすような活動を最小限にし、天然資源の持続的な管
理を促進することを目的としている。同法では、具体的な水質目標や管理計
画の策定・運用は、地方自治体が行うこととしている。また、地方自治体に
対して、環境に悪影響を及ぼす可能性がある活動について、その影響の度合

表1　NPS における水質の主な最低基準（湖および河川での遊泳時の人体への影響）

対象物質	判定	基準値			
		540cfu／100 ㎖を超過した割合	260cfu／100 ㎖を超過した割合	中央値の濃度（単位：cfu/100 ㎖）	大腸菌数の 95 パーセンタイル／100 ㎖
大腸菌	A（青）	5％未満	20％未満	130 以下	540 以下
	B（緑）	5％〜10％	20％〜30％	130 以下	1000 以下
	C（黄）	10％〜20％	20％〜34％	130 以下	1200 以下
	D（オレンジ）	20％〜30％	34％を超える	130 を超える	1200 を超える
	E（赤）	30％以上	50％を超える	260 を超える	1200 を超える
シアノバクテリア（植物プランクトン）		細胞体積の 80 パーセンタイル			
		（単位：㎣／ℓ）			
	A（青）	0.5 ㎣/ℓ 以下			
	B（緑）	0.5 ㎣/ℓ を超え 1.0 ㎣/ℓ 以下			
	C（黄）	1.0 ㎣/ℓ を超え 10 ㎣/ℓ 以下			
	最低基準	10 ㎣/ℓ 以下			
	D（オレンジ・赤）	10 ㎣/ℓ を超える			

資料：NZ 政府「the National Policy Statement for Freshwater Management 2014」
注：cfu（Colony Forming Unit）は菌量の単位

いに応じて、禁止したり許可制にしたりするなどの規制を導入するよう義務付けている。

　さらに、資源管理法の下、2011年に制定された「淡水管理に関する全国方針声明書（The National Policy Statement for Freshwater Management、以下「NPS」という）では、水質に関する国の最低基準などを設定するとともに、地方自治体に対して、すべての水域（水源から、湖や河川、海に流れ出るまでの水の流れ全体を指す、以下同じ）に対して最低の水質基準を設定し、それを達成するための施策の実施を求めている（表1）。NPSは、2017年に改正されたが、その改正では、遊泳に適した湖または河川（表1で、青、緑および黄色と判定されたもの）を、2017年時点の71％から、2030年には80％、2040年には90％まで引き上げるという目標が設定された。

　全国の湖や河川における水質を管理するため、環境省や複数の地方自治体などは、共同出資により「土地、空気、水　アオテアロア（Land, Air, Water Aotearoa、以下「LAWA」という）」を設立し、水質に係るデータなどの情報の収集・提供を行っている。LAWAのホームページでは、国内でモニタリングを行っている湖や河川の水質の状態が確認でき、水質向上の一つの指標にもなっている「遊泳に適しているか否か」についても、国民に

視覚的に分かりやすい形で公表している。

（2）地方自治体の取り組み～ワイカト地域の事例～

　ワイカト地域は、NZ全体の3割程度に当たる3,300戸の酪農家がおり、生乳生産量は、NZ全体の2割程度を占める最大の酪農地帯である。1ヘクタール当たりの乳用牛飼養頭数は、2.95頭と、カンタベリー地域の3.44頭に次いで多くなっている。ワイカト地域には1,500の湖や河川があり、中でもワイカト川は、地域を縦断する全長421キロメートルの国内最長の川である。また、国内最大の湖であるタウポ湖もあり、観光地として人気がある。しかし、前述の通り酪農が盛んであることから、酪農場と水域が近接しており、たびたび水質汚濁が問題となってきた。

　ワイカト地方自治体（Waikato Regional Council）は、資源管理法およびNPSに基づき、ワイカト地域の環境に関する規制や管理計画を作成するとともに水質基準の設定を行っており、「ワイカト地域計画（Waikato Regional Plan、以下「WRP」という）」において、農場で発生した排水の直接的な河川への放流を禁止している。そのため、酪農家は貯水池（現地では、ポンド（Pond）といわれる）を設置し、排水を一カ所に集める必要がある。貯水池は、地下水を汚染しないように、底面に加工を施さなければならない。また、一カ所に牛を集めて補助飼料を給与する場合は、そのエリアにおける排せつ物が地下に浸透しないように、地表面をビニール製のシートで覆うなどの加工を行う必要がある。

　集めた排水はほ場へ散布するが、1回の散布当たり深さ25ミリメートル（バケツなどを散布する圃場において計測）、年間の窒素散布量が1ヘクタール当たり150キログラムを超えてはいけないとされている。これを乳用牛100頭規模の農家を例に計算すると、すべての排水を散布するためには3.6ヘクタールの農地が必要になる。そのほか、河川への牛の侵入、過度な取水なども禁止している。

　ワイカト地方自治体は、毎月150カ所の湖や河川の水、130カ所の土壌のサ

ンプルの分析を実施している。また環境負荷の少ない飼養管理を普及させる
ためのセミナーやワークショップの開催などを行っている。さらに、畜産農
家に対し河川付近のフェンスの設置や植林（苗木の購入代と人件費）を対象
に経費の35％を補助している。ワイカト地方自治体によると、NZでは通常
行政による生産者への金銭的な支援はあまり行われないが、環境対策に関す
るものは、国民全体のメリットとなることから、20～40年ほど前から補助
を行っているとのことである。

　ワイカト地方自治体では、水域ごとにいくつかのエリアに区分し優先度を
つけて水質の向上に取り組んでいるが、タウポ湖周辺地域では、他の地域よ
り厳しい規制を設けている。

　タウポ湖は、周辺の酪農の拡大に伴い、汚染された河川などから流入した
汚水により水質が悪化した。そのため、ワイカト地方自治体はこれ以上の汚
染を防止するため、2007年に新しい政策を講じた。

　この政策における目標は、タウポ湖の窒素量を2007年時点の水準から15年
以内に20％削減し、タウポ湖の水質を2080年までに2001年時点の水準まで戻
すことである。これを達成するため、飼養密度の高いタウポ湖周辺の畜産農
家[2]については、牧畜業を許可制にするとともに、年間の窒素排出許可量
（Nitrogen Discharge Allowance、以下「NDA」という）を設定した。NDA
は、牛の飼養頭数、牛の購入・販売頭数、肥料使用量などを基に算出される
ため、農家は牛を増頭するためには、NDAの枠内で窒素排出量を管理でき
ていることを証明する必要があり、実質的には増頭が難しい状況となってい
る。また、酪農は肉用牛・羊経営に比べて飼養密度が高く、搾乳場など酪農
特有の施設において排水が多く発生することから、これまで多く見られた肉
用牛・羊経営からの転換も困難となっている。

　なお、ワイカト地方自治体は、現在WRPの改正作業に入っている。改正
案では、小規模農家など一部の生産者を除くワイカト川およびワイパ川周辺
のすべての生産者に対して、「農場環境計画（Farm Environment Plan、以
下「FEP」という）」の作成および提出を義務付けている。対象地域を優先

度１～３に区分し、優先度１の地域の生産者は、2022年３月までに、優先度
２は2025年までに、優先度３は2026年までにFEPを作成・提出しなければな
らない。

　FEPでは、農場全体の写真と農場における施設の配置図、排水管理方法、
河川付近の管理方法など、水質汚濁などにつながる可能性の高い場所を特定
し、その場所における対策を明記する必要がある。これにより、生産者は自
分の農場のどのような場所で環境汚染のリスクがあり、どのように対策を行
う必要があるかを理解、実行することができる。

　なおFEPは、まだ法的には義務付けられていないものの、後述する乳業
メーカーの取り組みなどにより、現時点でも酪農家には必要なものとして認
識されている。

（３）生産者団体の取り組み

　水質汚濁が問題となり始めてから、酪農がその主な原因とされ、特に釣り
業界が、2002年に開始した「デイリー・ダーティー（汚い酪農）」キャン
ペーンは、多くの国民に、酪農が水質汚濁の根源であるという認識を持たせ
ることとなった。酪農業界はそのような状況を打開するため、業界主導で、
湖や河川における水質を向上させるための取り組みを行っている。現在重要
な役割を果たしているのは、2013年に開始された「持続可能な酪農：水協定
（(the Sustainable Dairying Water Accord)、以下「水協定」という」であ
る。この水協定は、生産者団体であるデイリーNZを中心に、酪農家、乳業
メーカー、政府、地方自治体およびマオリ協会連盟がメンバーとなって組織
した、酪農環境リーダーシップグループ（the Dairy Environmental
Leadership Group, DELG）により作成され、「責任のあるパートナー
（Accountable Partners）」としてデイリーNZ、NZ乳業協会および乳業メー
カーが、「支援パートナー（Supporting Partners）」としてNZ農業者連盟や
肥料協会などが、「協定の後援者（Friends of the Accord）」として政府の
第一次産業省や環境省などが参加している（**表２**）。

表2　水協定の参加者

	組織名	備考
責任のある パートナー	デイリーNZ	生産者団体
	フォンテラ社	乳業メーカー
	オープン・カントリー・デーリイ社	乳業メーカー
	ミラカ社	乳業メーカー
	シンレイ社	乳業メーカー
	タツア社	乳業メーカー
	オセアニア・デイリー社	乳業メーカー
	NZ乳業協会	乳業メーカーの代表組織
支援 パートナー	肥料協会	
	ラベンスダウン社	肥料製造メーカー
	バランス社	肥料製造メーカー
	NZ農業者連盟	生産者団体
	かんがいNZ	非営利団体
	NZ一次産業マネージメント協会	非営利団体
協定の後援者	ウェストランド社	乳業メーカー
	地方自治体	
	マオリ協会連盟	
	第一次産業省	政府
	環境省	政府

資料：デイリーNZ

　水協定は、水辺の管理、土壌の窒素量などの管理、排水管理、水の利用管理、他産業から酪農への転換、の五つのカテゴリーについて、達成すべき目標を具体的な期限を設けて設定し、定期的に目標ごとの達成状況を報告することで、酪農業界の水質向上のための取り組みを可視化することが目的である。

　2016年3月に公表された報告書によると、2016年3月末時点では97.2％の牛が河川に近づけないよう対策を講じられている。また、搾乳などのために牛が河川を横断しなければならない場所の99.4％で橋などが整備済みとなっている（**表3**）。

　水質向上に関して生産者団体であるデイリーNZの主な役割は、研究開発と情報提供である。具体的には、地域ごとに異なる環境規制に対応した飼養管理ガイドラインの作成、農場における硝酸性窒素などの管理ツールの開発、酪農家への技術指導、ホームページや酪農家向け情報誌を通じた情報提供などを行っている。

表3　水協定の主な目標と達成状況

目標				達成状況 (2016.3 末時点)
内容		期限 (各年5月31日)	達成率	
水辺の管理	牛を水路から1メートル以内に近づけない	2014年	90%	達成済
		2017年	100%	97.2%
	牛が渡川する場所に橋などを設置する。	2018年	100%	99.4%
	2012.5.31 付けで地方自治体指定の湿地への接近禁止	2014年	100%	進行中
	農場内に河川所有酪農家の水辺管理計画義務	2016年	50%	27%
	水辺管理計画作成酪農家の計画の半分以上の達成	2020年	100%	進行中
	全地方自治体の水辺の管理ガイドラインの作成	2016年	100%	達成済
土壌の窒素量などの管理	酪農家からの窒素量などの管理データ収集	2014年	85%	83%
		2015年	100%	
	酪農家からの窒素流出、窒素変換効率などの情報提供	2014年	85%	83%
	肥料協会会員企業の窒素量などの管理アドバイザーの認定	2014年	50%	達成済
排水管理	酪農家に対し排水管理の評価実施	2014年	100%	達成済
	排水管理任意評価スキーム「Warrant of Fitness」の酪農家活用実施	2014年	100%	達成済
水利用管理	酪農家の取水メーター設置			
		2020年	85%	49.8%
酪農転換者	2015/16 年度の酪農転換者の生乳供給開始前の環境基準順守		100%	達成済

資料：デイリーNZ

　また、環境負荷の少ない経営を行っている酪農家を選定し、その農家がさらに高い水準の経営を行えるようサポートするとともに、その酪農家に関する情報をその他の酪農家に提供している。デイリーNZによると、酪農家は他の酪農家から聞いた話をもっとも信頼する傾向にあることから、模範的な酪農家を育成しその酪農家を通じた教育に力を入れている。

（4）乳業メーカーの取り組み

　酪農家の水質管理に関しては、乳業メーカーが大きな役割を果たしている。NZで生産される生乳の8割以上を集乳するフォンテラ社では、経営戦略の中で持続可能性を重要視している。持続可能性を、①製品を通じた健康や幸福への貢献、②環境、③地域コミュニティーとの共存の三つのカテゴリーに区分し、さらに環境については、①土地と水の衛生状態および生物多様性の向上、②温室効果ガスの削減、③生産性向上と廃棄物の削減を通じた世界的

表4　契約酪農家の水管理に関するフォンテラ社の目標と達成状況

目標		達成状況
内容	期限	(2017/18年)
全酪農家の窒素量等の管理・報告、ベンチマーク作成の参加	2015年11月30日	97%
全ての牛の水路から1m以内の接近禁止	2017年5月31日	99.6%
牛の渡川の際の、全ての場所に橋などを設置	2018年5月31日	99.9%
農場内河川所有酪農家の水辺の管理計画の作成	2020年5月31日	25%
水大量利用酪農家の85％の取水メーター設置	2020年	53.0%
全酪農家の農場環境計画（FEP）の作成	2025年末	10.0%

資料：フォンテラ社ホームページ

注：両年は7月～翌6月

な食料需要の増加への対応、の三つを重要事項としている。

　フォンテラ社は、水協定や地方自治体との協議などを踏まえ、**表4**の通り独自の目標を設定し、毎年、達成状況を公表している。

　フォンテラ社では、それぞれの目標を達成するために、契約酪農家に対し、環境規制の順守や環境負荷の少ない飼養管理を行うよう義務付けている。また、同社は、約1万戸のすべての契約酪農家に対して毎年監査を行っており、監査の結果、最低基準を満たしていない酪農家を、環境リスクの大きさに応じて、「危険性が低い」、「危険性が高い」、「重大な危険」の三つに区分している。「危険性が高い」とされた酪農家は、次のシーズンが始まるまでに改善を求められ、「重大な危険」とされた酪農家は、緊急の改善が必要な事項について、24時間以内に改善を求められる。また最低基準を満たしていないと酪農家に対しては、具体的な対応策や達成基準を明記した環境行動計画（Environmental Action Plan）の作成を義務付けている。

　最低基準を満たしていない酪農家が、①引き続き最低基準を満たさない、②環境行動計画の内容を期限内に実行しない、③過去3年間に「危険性が高い」、「重大な危険」のいずれかに判定されたことがある、④不正確な情報を提出した、のいずれかに該当する場合には、フォンテラ社職員による指導料の請求、コンサルタント会社による環境行動計画見直し費用の請求、集乳の中止などを行うとしている。

　フォンテラ社は、2025年末までに、すべての酪農家が農場環境計画

（FEP）を作成することを目標に掲げていることから、酪農家のFEPの作成を支援するため、環境アドバイザーの育成に力を入れている。2017年時点で17名ほどであった環境アドバイザーは、2018年は28名まで増員しており、30名まで増員することを目標にしているとのことである。

２．温室効果ガス

（1）政府の取り組み

　1）法令および削減目標

　温室効果ガスに関しては、2002年気候変動対応法（Climate Change Response Act 2002、以下「気候変動対応法」という）において規定されている。しかし、同法は主に温室効果ガス排出量の算出方法や排出権取引制度を定める法律であり、温室効果ガス排出量の削減について定めているものではない。温室効果ガス排出量の削減については、「気候変動に関する国際連合枠組条約（United Nations Framework Convention on Climate Change）、以下「国連気候変動枠組条約」という）」に基づき、1997年に合意した通称「京都議定書」および2015年に合意した、通称「パリ協定」に基づき、温室効果ガス排出量の削減目標を次の通り設定している。

　・2020年までに、1990年時点の温室効果ガス排出量に比べて5％削減
　・2030年までに、2005年時点の温室効果ガス排出量に比べて30％削減
　（1990年時点に比べて11％削減に相当）
　・2050年までに、1990年時点の温室効果ガス排出量に比べて50％削減

　このように温室効果ガス削減目標については、国全体で設定していることから、政府が主体的に温室効果ガス削減に向けた取り組みを行っている。

　2）削減目標に関する新しい動き

　2019年5月8日、気候変動対応法の改正案が国会に提出され、その内容が農畜産業に大きな影響を与えると注目を集めている。改正案では、温室効果ガス排出量の削減目標を、①生物由来のメタンと②それ以外の温室効果ガス

に区分し、①については2030年までに、2017年時点と比べて10％削減、2050年までに、2017年時点と比べて24 〜 47％削減、②については、2050年までに純排出量をゼロにする、と生物由来のメタンの排出削減目標が明記されている。これまで全体の削減目標はあったものの、その内訳は示されていなかったが、生物由来のメタンに限定して削減目標が設定されたことで、最もメタン排出量の多い酪農業界が受ける影響は大きいものとみられている。なお、2019年末までには改正案が成立すると見込まれており、今後の動向が注目されている。

3）削減のための対策

　温室効果ガス排出量の削減は、国際協定に基づき行う必要があることから、国が主体的に排出権取引制度を通じた排出量管理などに関与している。しかし、農畜産業は温室効果ガス排出量の半分近くを占める一方、排出権取引制度の対象となっていないことから各種の対策が講じられている。

　ビジネス・イノベーションおよび雇用省は、酪農業界、肉用牛・羊業界、フォンテラ社、肥料協会など、牧畜に関係する業界団体により2003年に設立された牧畜温室効果ガス研究共同体（Pastoral Greenhouse Gas Research Consortium、以下「PGgRc」という）の研究に対して補助を行っている。PGgRcでは、主にメタンと亜酸化窒素の削減方法の研究を行っている。

　第一次産業省は、PGgRcの研究を補完しメタンと亜酸化窒素以外の農場における温室効果ガスの削減方法の研究を行うため、ニュージーランド農業温室効果ガス研究センター（New Zealand Agricultural Greenhouse Gas Research Centre、以下「NZAGRC」という）を2009年に設立した。そのほかにもさまざまな温室効果ガス削減に関する研究に対して補助を行っている。現在の研究で酪農における温室効果ガス排出量の削減に有効と考えられている対策は、生乳生産の生産性向上、窒素肥料使用量の最適化、メタン排出量の少ない遺伝子を持つ家畜の改良、メタンの発生を抑える反応抑制物質やワクチンの開発などがあるとしている。OECDによると、NZでは研究開発へ

の投資額に占める環境分野の割合が10％近くを占めており、先進国の中で
もっともその割合が高いという。

　また第一次産業省は、温室効果ガスを吸収する森林に着目し、林業省と共
同で2018年より、「10億本植林事業（One Billion Trees Program）」を進め
ている。この事業では、2028年までに10億本の木を植えることを目標として
おり、植林に要する経費を補助するため、１億2000万NZドル（92億4000万
円）の基金を設立した。農地における植林は、温室効果ガスの吸収だけでな
く、牛の河川への侵入防止、水質汚濁の防止、土壌侵食の防止など、多くの
メリットがあるとしている。

（2）生産者団体の取り組み

　環境省によると、国内で排出される温室効果ガスの48％は農畜産業から排
出されており、そのうち36％は家畜由来の温室効果ガスが占めている。基幹
産業である酪農は、家畜由来の温室効果ガスの半分、国全体では約２割を占
めており、温室効果ガス削減における重要な役割を担っている。

　そのため酪農業界では、デイリーNZが主体となり、フォンテラ社との連
携の下、2017年６月、「気候変動に向けたデイリー・アクション（Dairy
Action for Climate Change、以下「デイリー・アクション」という）」を立
ち上げた。デイリー・アクションは、家畜から排出されるメタンと亜酸化窒
素に対処するための酪農業界の枠組みを提供し、2005年時点の温室効果ガス
排出量から30％削減という2030年の目標達成に貢献することを目的としてい
る。

　デイリー・アクションの中で、デイリーNZは2017年７月から2018年11月
の間に以下の取り組みを計画している。

・専門家による気候変動に関するワークショップを８回開催する。

・気候変動に関して優秀な酪農家を12名選定する。

・デイリーNZの専門家を交え、グループディスカッションを６回開催する。

・大学における温室効果ガスに関する講義を通じて、60名の専門家を育成

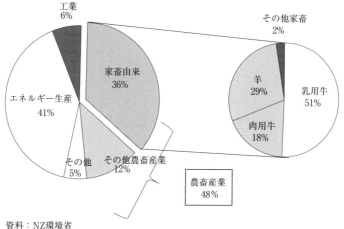

図9　温室効果ガス排出量の内訳

工業
6%

その他家畜
2%

家畜由来
36%

エネルギー生産
41%

羊
29%

乳用牛
51%

肉用牛
18%

その他
5%

その他農畜産業
12%

農畜産業
48%

資料：NZ環境省
注：森林などによる吸収量を含まない。

する。

・酪農家における温室効果ガス削減につながる生産システムを特定する。

・10戸の協力酪農家を選定する。

このように酪農家への温室効果ガスに関する知識の普及、酪農家を支援するための専門家の育成、模範となる酪農家の選定・育成に力を入れている。またその他にPGgRcにおける研究開発に対して資金提供を行い、酪農における温室効果ガス削減のための調査・研究などを実施している。なおデイリー・アクションの達成状況はまだ公表されていない。

デイリーNZでは、気候変動対応法の改正案で、生物由来のメタン排出量の削減目標が明記されたことから、今後の対応方針を軌道修正する必要があると考えている。デイリーNZは、今回の改正案に対しメタン排出量の削減目標を定めること自体には賛成であるものの、パリ協定の目標を達成するためには、メタン排出量の削減は10～20％で十分であるという研究結果もある中で、それを上回る目標を設定するには、科学的根拠が必要であるとしている。また、2030年までに10％削減することは、現在考えられる対応策を講

じれば達成可能であるものの、2050年の24 〜 47％削減という目標は、革新的な技術が開発されない限りは、乳用牛の頭数を削減する以外達成不可能な目標であるとしている。

（3）乳業メーカーの取り組み

　フォンテラ社では、自社の乳製品製造・販売により発生する温室効果ガスに関しては、①2020年までに乳製品製造に係る製品重量1トン当たりのエネルギー使用量を、2003/04年度比で20％削減する、②温室効果ガスの排出量を2030年までに2014/15年比で30％削減、2050年までに純排出量を0％にする、と目標を設定している。

　また、同社では、サプライチェーン全体での温室効果ガス排出量の削減を目指しており、酪農家における温室効果ガスについても、2030年まで、2014/15年の排出量の水準を維持するとの目標を掲げている。この目標を達成するため、同社ではデイリー NZが主導する「デイリー・アクション」プログラムの一環で、100戸以上の酪農家を選定し、農場における温室効果ガスの排出量を記録する取り組みを試験的に実施している。この取り組みは、まだ開始して間もないことから、最初の目標として収集・提供すべきデータを検討し、次に、温室効果ガス削減のための飼養管理技術の指導を受けた農家で得た知見を他の農家に共有することを目標としている。すでに、試験農家から提供されたデータを活用し、試験農家ごとの1ヘクタール当たりの年間温室効果ガス排出量を計算し、それをさらに、メタンと亜酸化窒素とその主な発生源まで細分化した形で、試験農家に情報提供している。

　また、フォンテラ社では乳用牛の温室効果ガスの排出削減方法を研究するため、PGgRcに対して継続的に資金提供を行っている。

　さらに、フォンテラ社もデイリー NZ同様、気候変動対応法の改正案で、生物由来のメタン排出量の削減目標が明記されたことを受け、今後の対応方針を軌道修正する必要があるとしている。

3．おわりに

　水質汚濁については、2000年代になってから大きな問題として取り上げられ、その主な原因が酪農であるとされていることから、酪農業界では、水質向上に向けて、業界を挙げて取り組んでいる。これまで、右肩上がりで増加してきた乳用牛飼養頭数は、ここ数年伸び悩んでおり、その最大の要因は放牧地の拡大が難しいことにあるが、一部の地域において、1ヘクタール当たりの乳用牛飼養頭数制限や、これまで多かった肉用牛・羊経営からの酪農への転換が難しくなったことなど、環境規制も一因になっている。乳用牛の頭数が増やせない中で、NZの酪農業界は、1頭当たり乳量を増加させることで生乳生産量を増加させていきたいと考えている。

　温室効果ガスについては、国全体の温室効果ガス排出量に占める農業由来の割合が高いことから、削減の必要性は認識されてきたものの、排出権取引制度の対象となっていないことや、具体的な削減目標が提示されてこなかったことからあまり注目されてこなかった。しかし、2019年5月に国会に提出された気候変動対応法の改正案では、生物由来のメタンの排出量を、2050年までに2017年比で24～47％削減すると明記された中、現状では、乳用牛の頭数を削減する以外に対応策がないとされていることから、水質汚濁以上に、酪農業に大きなダメージを与える可能性があると注目を集めている。

　一見、環境問題とは無縁に見えるNZ酪農も、環境規制により生乳生産に影響が出てきており、主要な乳製品輸出国であるNZ酪農の今後については、同国の環境政策の動向とともに注視していく必要がある。

注
1）Aotearoaは、先住民マオリ族の言葉で、ニュージーランドを意味する。
2）「飼養密度が高い」とは、酪農であれば乳用牛1頭当たり1.82ヘクタール以上の農地を所有していない、または1ヘクタール当たりの乳用牛頭数が0.55頭以上とされている。

第6章

ニュージーランドの酪農経営の姿

荒木　和秋

　NZ酪農は、1990年代に入り飛躍的な成長を遂げてきた。ここでは2000年以降の展開を統計から整理し、乳価の上昇がNZ酪農にどのような変化をもたらしているのか、特に外部飼料の依存について検討した。また個別事例で酪農経営の現状と新たな取り組みである1日1回搾乳について紹介する。

第1節　ニュージーランド酪農の展開と生産システムの変化

1．生乳生産の拡大と限界

　NZ酪農の1990年代以降の急速な成長について、生乳生産量の推移をみると1970年代の50億ℓ（500万kℓ）から2020年代の200億ℓ（2000万kℓ）と4倍以上に拡大している。それを支えた牛群（農場）数は、85/86年の15,753から21/22年の10,796に35年間で約70％の水準になっている。

　NZの生乳生産量の伸びを支えたのは、乳牛頭数の伸びで、乳牛（搾乳牛）頭数は、1985/86年の232万頭から21/22年には484万頭と倍増するものの、農

図1　1農場の搾乳牛頭数,農地面積,個体乳量の推移

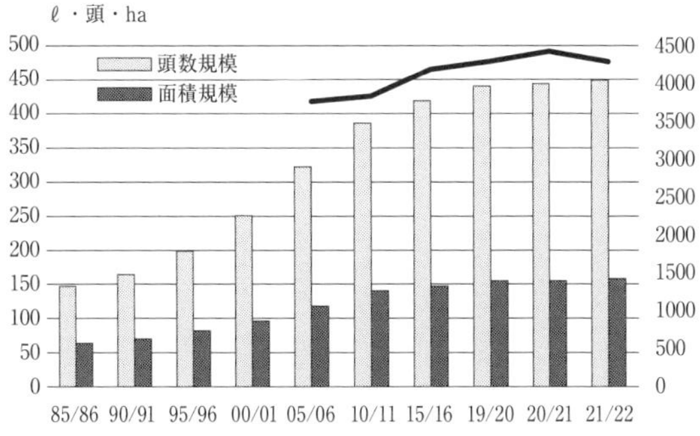

資料：NZ Dairy Statistics

地面積は同期間において101万haから170万ha、約70％の増加に留まっている。

　そこで１農場当たりの規模をみると、85/86年から21/22年の35年間において搾乳牛頭数では147頭から449頭へ約３倍に、面積規模では64haから158haへ約2.5倍と増加している（**図１**）。その結果、同期間の１ha当たり搾乳牛頭数（ストッキングレート）は2.4頭から2.85頭へと19％増加している。一方、個体乳量の数字が把握できるのは05/06年の3,763ℓからであり、21/22年の4,291ℓへと14％増加している。この間、搾乳牛頭数は33％増加していることから、乳牛頭数の伸びが個体乳量の伸びを大きく上回っている。

２．乳価・利益と農地価格の動向

　NZ酪農の好景気を支えたのは乳価（酪農協支払）とha当たり収益の上昇にあった。乳価は、1997/98年の3.42\$/kg MS（乳固形分）から21/22年には9.52\$/kg MSへと2.7倍になっている（**図２**）。ただし、乳価の上昇は順調に進んだわけではなく年次変動を伴ってきた。特に14/15年は4.69\$/kg MS、15/16年は4.3\$/kg MSと大きく落ち込んでいる。これは、NZの乳価は国際価格と連動しているからである。一方、ha当たり利益（家族農場）も、乳

図2　乳価（酪農協支払）とha当たり利益の推移

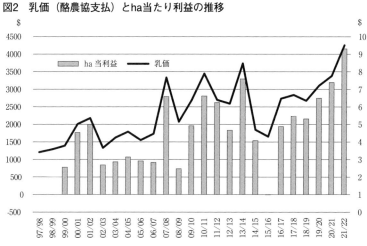

資料：NZ Dairy Statistics, DairyNZ Economic Survey

図3　農地の販売価格の推移（$/ha）

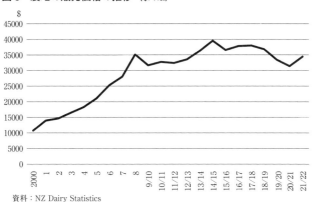

資料：NZ Dairy Statistics

価に比例して上昇し、乳価の下落の際には同様に落ち込む。ha当たり利益の増加に伴って農地価格も上昇し、08年以降も3.5万＄/ha前後で高止まり傾向にある（**図3**）。

3．ニュージーランド酪農の新たな動き

　農地価格の上昇に対する生産者の行動は、農地の集約利用と購入飼料の増加に表れ、北島ワイカト地域においても飼料用トウモロコシの増加やパーマ油粕の利用の広がりがみられる（須藤 2017）。

　NZの酪農場の飼料自給率のタイプである生産システムは、**表1**に示す5つの類型に区分される[1]。システム1は、飼料の全てが牧草（all grass）で補助飼料（supplement）である乾草やサイレージの購入（導入）がないタイプで飼料自給率100％である。システム2は、乾乳牛への購入飼料がある場合で自給率は90〜99％である。システム3は、泌乳期間の延長や乾乳牛に購入飼料が給与され自給率は80〜89％である。システム4は、泌乳期の終わりや乾乳牛への購入飼料の給与が行われ自給率は70〜79％である。システム5は、年間を通して購入飼料が給与され、自給率は50〜69％である。これらの5つのシステムは、三つの投入類型に区分され、システム1と2は低投入型、システム3は中投入型、システム4と5は高投入型である。

表1　ニュージーランド酪農における飼料給与類型

投入類型	生産類型	名称	内容
低	システム1	全牧草・完全自給（成牛酪農場）	導入飼料なし。ただし、収穫後や乾乳の放牧がない場合を除いて
	システム2	乾乳牛への導入飼料給与（補助飼料か放牧がない場合）	90-99％は自給。幅は乳牛の冬期の高雨量や寒冷気候による。
中	システム3	泌乳期間延長や乾乳牛への導入飼料給与	80-89％の自給
高	システム4	泌乳終期や乾乳牛への導入飼料給与	70-79％の自給
	システム5	年間を通した導入飼料給与	50-69％の自給。場合によっては50％以下もある。

資料：Dairy NZ Economic Survey2021-22

　08/09年と20/21年の変化を見たのが**図4**で、システム1は12％から3％に、システム2は32％から24％に減少する一方、システム3は37％から47％に、システム4は17％から20％に、システム5は2％から6％にそれぞれ増加している。低投入型が減少する一方、中投入型が増加し、高投入型も微増していることから、NZにおける

図4　生産システム類型の変化

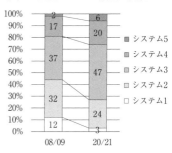

資料：Dairy NZ Economic Survey

飼料自給率の低下を見ることができる（ただし、08/09年の統計は幅があるため中間値を採った）。

　この間、15/16年は乳価が下落し利益もマイナスになる。そこでの各システムの行動は、各類型は補助飼料（購入飼料）費を前年より大幅に減らし、低投入型が増加する一方、中投入型、高投入型が減少する（荒木 2018）。しかし、その後の変化についてみると、20/21年の各システムの比率は、低投入型が大幅に減少する一方、中投入型は増加し、高投入も増加していることから、NZ全体としては外部飼料依存を強めていることが分かる。

　NZは徹底した経済合理主義により、乳価に対して購入飼料の採算が合えば外部飼料への依存が進んできた。しかし、持続的酪農の観点から見直しが検討されている。

第2節　ニュージーランドの酪農の基本構造と伝統的経営

1．ニュージーランド酪農の基本構造

　NZの酪農経営の基本構造について、筆者の前著から紹介する（荒木2003）。特徴の第一は、自然に依拠した酪農経営である。すなわち、牧草を主体に生乳生産が行われていることである。牧草に依拠していることは季節変動を伴う。春からの牧草の伸びに合わせた生乳生産が行われ、そのため春先に全国一斉に分娩が行われるという季節繁殖である。

　第二に放牧草利用が基本である。ただし、春のスプリングフラッシュ時の余剰草は収穫・保管され、夏の干ばつや冬期の不足時に補填される。

　第三に企業形態は家族経営（オーナーオペレーター農場）が主体であるが、ニュージーランド独特の一種の共同経営であるシェアミルカー農場が存在する。21/22年の両者の農場数の割合は、2対1である。シェアミルカー農場は、農場を所有する農場主が農地（草地）と搾乳場、住宅をシェアミルカーに提供し、農場運営を任せる経営方式である。農場の利益は農場主とシェアミルカーの間で分配（シェア）されることから、シェアミルカーという名称が付けられている。シェアミルカーは、乳牛と農業機械を農場に持ち込み、自分の労働力や場合によって雇用労働力を使って生乳生産を行う。

　第四に酪農経営の経営継承が酪農業界で制度的に組み込まれていることである。酪農には誰でも参入することは可能である。新規参入者は、まず単なる労働者（補助者）としてスタートするが、技術力が向上することで農場における地位が向上し、さらに経済力がつくことでシェアミルカーになることができる。さらに、保有頭数を増やし、経済力をつけることで農場を購入しオーナーオペレーターである家族経営になる。このシェアミルキングシステムが酪農産業界に活力を与える大きな要素になっている。

　第五に農場を支援する様々な組織や機関が存在する。農作業についてはコントラクター組織が整備され、個別農場は余分な農業機械を所有することは

なく、生乳のコスト低減につながっている。家畜改良についてはLIC（ライブストック・インプルーブメント株式会社）や経営管理に関しては会計士、銀行（マネージャー）、農業コンサルタントが関わっている。

　第六に政府からの補助金がほとんど存在しないことである。そのため、農場経営者は政府に頼ることなく、市場経済（国際経済の変動）の中に置かれそのことが農場経営者を強くしている。こうした基本構造のもとで酪農経営がどのように展開しているか紹介する。

2．ニュージーランドの伝統的酪農経営—ハミルトン、フィンレイ農場—

（1）伝統的家族酪農経営の経営概況

　NZでは大規模農場の増加がみられる一方、小規模農場でしかもコントラクターを利用しない自己完結型の農場も見られる。ここで紹介するフィンレイ農場は、NZの北島の酪農地帯ワイカト地域の中心都市ハミルトンの郊外に位置するシェアミルカー農場である。農場は、オーナー（農場主）の父親と息子のシェアミルカーのデレック・フィンレイさんで運営されている。農地面積63ha、搾乳牛106頭、育成牛48頭、雄牛４頭とNZにおいては小規模である。年間の生乳生産量は、42,000kgミルクソリッド（MS：乳固形分、8.89％）で、これを日本の乳量に換算すると（NZの乳脂肪率は5.02％で、これを3.5％で換算）、676トンと北海道の平均規模575トン（営農類型別統計、2014年）に近い。

　農場の歴史は、1948年に父親のゴードン・フィンレイさんが設立した。当時農場は大部分が荒地（湿地）で多くの倒木があった。そこでゴードンさんは溝を掘り排水を行い、そして夏の終わりにピート（泥炭）と倒木を燃やし土に埋め戻した。1950年代には、放牧地の周辺に防風のためにバーベリー・ヘッジ（メギ属の低木の生垣）を植え、1970年代には避陰林としてコットン・ウッド・ポプラ（ハコヤナギ）を植えた。これらの防風垣と避陰林で放牧地は35の牧区に区切られている。１牧区の面積は１〜２haで、毎日ローテーションで放牧を行っている。

　フィンレイ牧場は、NZで普及している濃厚飼料の給与は行わない伝統的な放牧草主体の経営である。わずかにモラセズ（糖蜜）を年間5トン給与するのみである。放牧草が不足する1月にはチコリを、泌乳後期の4月にはルーサンを給与する。

（2）70年近く使われているパーラ

　フィンレイ農場の主な建物のうち、農場設立時の1948年に建てたデーリィ・シェッド（ミルキング・パーラ）は現在も使われ、実に70年近くもヘリンボーンタイプの搾乳場が健在である（**写真1**）。その他の建物は、育成舎（40㎡、1955年）、機械庫（70㎡、1970年）、草舎（70㎡、1955年）でいずれも父親の代に建てられたものである（**写真1**）。

写真1　70年以上使われているデーリィ・シェッド

　NZではほとんどの農家は、コントラクターに牧草や飼料作物の収穫作業の委託を行うものの、フィンレイ農場では個別完結型である。その理由として、デレックさんは「私は飼料調製を他人に任せたくない。いつでも完璧に乾燥させた飼料を作ることができる」ためである。

　そのため、**表2**に見るようにトラクター3台のほかに、牧草調製付属機、飼料給与機、肥培管理機など総額30万ドル（2,280万円）が投資されている。ここには古い機械も含んでいることから、減価償却の対象になるのは20万ドル（1,520万円）のみである。ちなみに、北海道の80～100頭（搾乳牛88.1頭、2014年農家経済調査）の農業固定資産額は、建物2,624万円、農機具・自動車983万円である。両者の比較を行うとフィンレイ農場の1,520万円に対して、同規模の北海道は3,607万円と倍の投資額になっている。

表2　フィンレー農場の機械一覧

機械	馬力等	購入年	新・中古	価額 (NZ$)
トラクター	115	2016	新	88,000
トラクター	70	2007	中	50,000
トラクター	30	1974	中	5,000
フィーダーワゴン		2015	新	16,000
バギーモーターサイクル	110cc	2010	新	4,000
トップドレッサー		2015	新	16,000
トラック	5ton	2004	中	12,000
モア		2014	新	10,000
ベーラ		2012	中	26,000
シードドリル		2011	新	8,000
ベールフィーダ-		2015	新	16,000
ヘイコンディショナー		2005	新	18,000
ロータリーホー		2015	新	8,000
パワーハロー		2013	新	12,000
トレーラー		2005	中	3,500
スプレヤー		2004	中	2,000
リッパー			自作	500
ローラー		2005	新	3,000
プラウ		2005	中	700
トレンチャー		1995	中	1,500
計				300,200

資料：聞き取りによる

（3）一人で106頭を1時間で搾乳

NZの全国の農場での搾乳は、全てミルキング・パーラで行うため省力的である。フィンレイ農場では、デレックさん（57歳）が全て一人で作業行う。妻のクレアさん（57歳）は、農作業は行わず、家事とファームステイ客の対応を行っている。分娩期の2か月間を中学に通う息子（14歳）が朝晩1時間ずつ哺乳を手伝っている（**写真2**）。

写真2　中学生の息子が朝晩各1時間の哺乳作業を行う

　デレックさんの日課は、朝5時半に起床し、夕方6時には完全に作業を終えている。日常作業は5時間以内に終了し、空いた時間は季節作業や調整がきく機械修理などに充てている。

　日常作業は、**表3**に見るように106
頭の１回の搾乳作業をわずか60分で済
ます。その他、１回の搾乳作業に付き
パーラの洗浄25分、牛追い30分、飼料
（乾草）給与20分など１日の作業時間
は、4.77時間である。その他の日常作
業としては、簡単な機械作業、ミルキ
ング・パーラの清掃、フェンスや農業
機械の修理などである。これらに加え、
季節作業として分娩対応や哺乳、牧草
調製などを加えると、年間の作業時間
は2,302時間である（農繁期の作業
100％に対してシーズンの終わりは
80％の作業量であるため平均90％で計
算した）。

　これらの数値と、2016年に行った北

表3　日常作業および季節作業の時間

	作業名	作業時間
日常作業	牛追い	60分（2回計）
	飼料給与	40分（2回計）
	搾乳	120分（2回計）
	プラットホーム洗浄	50分（2回計）
	病傷牛管理	15分／14日計
	草地管理	15分／日
	合計	286分（4.77時間）
	搾乳期間	8月上→4月下
	搾乳日数	272日
	年間平均作業量	90%（100～80%）
	総時間	1,168時間
季節作業	肥料散布	9時間
	草地更新	35時間
	フェンス修理	15時間
	植えつけ	70時間
	牧草刈取	
	サイレージ調製	225時間
	乾草調製	
	分娩対応	600時間
	哺乳	180時間
	合計	1,134時間
総合計		2,302時間

資料：聞き取りによる

表4　フィンレイ農場と北海道酪農経営の作業時間の比較　（時間）

		NZ北島		北海道			
		フィンレイ農場		大規模通年舎経営（4戸平均）		小規模夏期放牧経営（4戸平均）	
経産牛頭数		106		88		39	
日常管理	搾乳・洗浄等	694	31%	3,416	40%	1,709	39%
	給餌	163	7%	1,491	18%	536	12%
	飼槽掃き			205	2%		
	除糞・ベッドメイク			852	10%	350	8%
	哺育管理	180	8%	1,004	12%	341	8%
	育成管理			496	6%	190	4%
	病傷牛治療	4	－				
	牛追い・牛入れ	245	11%			412	9%
	放牧地管理	61	3%			339	8%
	小計	1,347	61%	7,464	88%	3,877	89%
繁殖・分娩・獣医対応		600	27%	227	3%	156	4%
牧草調製など		264	12%	799	9%	345	8%
合計		2,212	100%	8,490	100%	4,378	100%
乳牛1頭当労働時間		20.9		96.4		112.3	

資料：聞き取りによる

海道の通年舎飼（経産牛88頭）と夏期放牧（新規参入、同39頭）の二つのタイプと比較したのが**表4**である。北海道はほぼ家族全員（3〜4人）で担当しているのに対し、フィンレイ農場は経営者が中心で妻は補助的役割しか果たしていない。労働時間は、大規模通年舎飼は8,490時間であり、小規模夏期放牧経営は4,378時間である。小規模経営でもフィンレイ農場のほぼ倍の時間になっている。その結果、搾乳牛（北海道は経産牛）1頭当たり労働時間は、フィンレイ農場の20.9時間に対し、北海道の通年舎飼経営は96.4時間、夏期放牧経営は112.3時間と4.6倍〜5.4倍になっている。

（4）経営成果と将来展望

　フィンレイ農場は39％−61％の利益配分の仕組みのシェアミルカー農場であるため、シェアミルカーであるデレックさんの取り分は39％しかないものの、経費はほとんどオーナーである父親が負担することから、総額14万5千ドル（1,100万円）の利益（所得）の最終的な配分額はシェアミルカー59％、オーナー41％と逆転する。

　現在、父親は88歳と高齢であるため、農場の継承が話題になっているものの、デレックさんがそのまま農場を譲渡される訳ではない。農場資産は子供4人に均等配分される（住宅はフィンレイさんに譲渡）ことになる。デレックさんが兄弟から農場を買い取る方法もあるが、ハミルトンの市街地が近くまで来て農地の価格が高くなっているため、デレックさんは他の兄弟から農地を買収して営農を行うことは難しいと考えている。

　これまで、日本においてはNZの放牧は注目されてきたが、季節繁殖の作業面への効果はあまり注目されなかった。季節繁殖は、作業の集中と斉一性をもたらす。たとえば、搾乳作業はすべての牛の泌乳期が揃うため作業効率が良く、また哺乳についても一斉に行うことで省力的に行うことができる。さらに生活面において長期休暇を可能にするメリットもある（荒木 2017a）。

第3節　ニュージーランドの酪農経営の新たな姿

1. 1日1回搾乳の意義

　NZの乳牛管理での新たな動きとして1日1回搾乳がある。この動きは2000年代に入ってからであり、07年時点で全牧場の5％に広がっている。1日1回搾乳のメリットは、移動や搾乳の負担軽減による搾乳牛の供用年数の延長、搾乳時間の短縮による人件費や水道光熱費の節減であるが、生産乳量の大きな減少にはなっていない（横田・井田 2007）。

　さらに、マッセイ大学が2015年に発表したNZの搾乳状況について、2回搾乳が全体の38％、1回搾乳が4％、2回搾乳と1回搾乳の組み合わせが57％である。これは、夏期の干ばつで放牧草が足りなくなると1日1回搾乳に切り替えるためである。しかし、乳価が下落した16年には1日1回搾乳は全農家の12％に拡大したという報告がされている。また、1日1回搾乳は、経済面での飼料コストの削減のほか、体細胞の減少、乳房炎の低下、受胎率の向上が確認されている。ただし、乳量の減少は乳固形分換算で15％の減少になっている[2]。日本においてもNZ酪農を経験した酪農家でも1日1回搾乳を、冬の泌乳後期と春先の分娩時期に実施している（荒木 2020）。

2. 1日1回搾乳でコスト削減と省力化を図るNZ巨大酪農場

（1）総面積429ha、経産牛708頭の巨大牧場の概要

　マウンガ・ファーム株式会社は、北島南部の都市パーマストン・ノースの近郊ダネバークに位置する牧場面積429ha、家畜頭数1,021頭、生乳生産量約2,800トン（ミルクソリッド240トン）の巨大農場である。

　農場主はアンドリュー・ハーディさん（53歳）で、NZ最大の乳業メーカーであるフォンテラ社株主のホークスベイ地区の代表委員であるため、農場の管理とフォンテラの役員に専念しており、農作業はコントラクトミルカー（契約搾乳者）に任せている。労働力はコントラクトミルカー（32歳）のほ

か、ハードマネージャー（牛群管理者、28歳）ワーカー（40歳男性と18歳女性）の４人である。

　農場は、周辺を丘陵に囲まれた盆地にあり一つにまとまっている。土地利用は、放牧地は320ha（一部飼料作物）で、他の109haは、植林地、河川敷、農道、建物敷地である。

　植林された樹種は松の一種のパインツリーで、成長が早くパルプ用になる。15/16年は、2.5haを伐採して５万ドルの売上（うち40％が収入で60％は伐採・運搬費用）であった。ちなみに、伐採された木材は、車で２時間ほど離れた東海岸の都市ネピア（日本でティッシュペーパー製品の名称になっている）のパルプ工場に搬送される。

　牧草の種類はペレニアルライグラスとホワイトクローバーが主体であり、毎年100tの乾草（乾物換算）と37.5トンのサイレージ（同）を貯蔵している。そのほか、補助飼料として飼料作物が栽培されており、飼料ビート12ha（５〜８月の冬期に給与）、ターニップ16ha（かぶ、１〜３月の夏期に給与）、チコリ４ha（12〜５月の夏から秋に給与）で、これらは飼料畑で乳牛に直接食べさせている。

　飼養家畜は、経産牛708頭（うち67頭はコントラクトミルカー所有）、育成牛は１〜２歳が145頭、１歳未満が142頭、雄牛13頭、肉牛13頭である。乳牛はすべてジャージー種であり、体重は430〜460kgと小型である。これはジャージー種がこの土地（風土）に合っていることによる（**写真３**）。平均分娩（供用）回数は６産（回）で、日本の倍以上である。淘汰理由の第一は空胎、第二は乳房炎、第三は乳房の不整形、第四は老齢（生産量の低下）である。

写真３　ジャージー種の牛群

（2）干ばつに備えた施設・機械対応

　建物、施設の一覧を**表5**に示した。建物は、デーリィ・シェッド（ミルキング・パーラ）、草舎、資材庫、育成舎、機械庫である。一方、機械はトラクター4台、フィーダーワゴン、バギーモーターサイクル（牛追い用）、播種機、肥料散布機、プラウ、掘削機、スプリンクラーと、極めて少ない。これは大部分が放牧地利用であることと、飼料調製作業はコントラクターに委託しているためである。

　これらの投資額は、建物、施設が83万ドル（6,308万円、1NZドル＝76円で換算）、機械が67万3千ドル（5,115万円）であり、機械投資も大きい。これは、スプリンクラー（ポンプ込み）が36.2万ドル（2,752万円）であることから、これを除くと作業機部分は2,363万円でしかない。スプリンクラーが必要なのは、この地域の降水量が冬期は700〜1,000mmはあるものの、夏期の10月中旬から3月末では400〜500mmしかないためである。灌漑水は牧場の中を流れる川から取水しているが、年間6,000ドル（45万6千円）の使

表5　マウンガ・ファームの建物・施設

	施設・機械名	規模	年次	価額
建物	ディリーシェッド（Mパーラ）	50ベイル	1999	40万ドル
	育成舎	330㎡	2004	8万ドル
	資材庫	190㎡	1999	10万ドル
	機械庫	48㎡	1999	5万ドル
	草舎	360㎡	1980	20万ドル
	小計			83万ドル
機械	トラクター1	N135HP	2011	10万ドル
	トラクター1	S115HP	1992	3万ドル
	トラクター1	72HP	1993	2万ドル
	トラクター1	64HP	1975	1万ドル
	フィーダーワゴン	N	1995	3万ドル
	バギーモーターサイクル	S4台		2万ドル
	シードドリル	N	2012	4万ドル
	ファートライザー	N	2010	2万ドル
	プラウ	S	2010	0.9万ドル
	ディガー	S	2011	3.2万ドル
	スプリンクラー	N	2006	36.2万ドル
	小計			67.3万ドル
合計				150.3万ドル

資料：聞き取りによる
注：規模の機械で、N＝新車、S＝中古

用料に加え、汲み上げのために電気代が年間４万６千ドル（350万円）がかかっている。現在、使用量が多いということで、地方政府からは25％の削減を求められている。

（3）１日１回搾乳による省力化

日常作業の特徴は１日１回搾乳である。以前は２回搾乳を行っていたが、８年前に１回搾乳を始めた。**表6**に見るように、日常作業で最も多いのは708頭の搾乳で、３人で12時間かかっている。その他、パーラ洗浄１時間、廃液処理1.5時間、牛追い1.2時間、病傷牛治療１時間、草地管理３時間、計20.2時間であり、１人当たりでは５時間である。

表6　日常作業の担当者と時間

担当	牛追い	搾乳	パーラー洗浄	廃液処理	病傷牛治療	草地管理	合計
コントラクトミルカー	40分	5時間				1時間	6時間40分
マネージャー		4時間	30分	1時間	1時間	1時間	7時間30分
ワーカー	30分	3時間	30分				4時間
ワーカー				30分	30分	1時間	2時間
計	1.2時間	12時間	1時間	1.5時間	1.5時間	3時間	20.1時間

資料：聞き取りによる

１日１回搾乳の理由は、農場の広さと地形による。放牧地から搾乳場まで牛を歩かせると、最大で25分かかること、また高低差が180m（高地400m、低地220m）あることから、移動にエネルギーを使うためである。

１日１回搾乳によって１頭当たり生産の乳固形分は変化していない（乳量はやや減少しているが、乳成分が向上しているため）。１回搾乳のメリットは、労働費、電気代、治療費などのコスト削減になっているほか、死亡率や空胎率の低下につながっている。特に空胎率は２回搾りの時には10～13％であったが、１回搾りになって３～７％に下がっている。

日常作業以外の年間の作業時間は、肥料散布250時間、草地更新（年に28ha）224時間、フェンス修理96時間、人工授精84時間、哺育224時間のほか、乳牛の能力検定などがある。牧草調製はコントラクターに委託しており８日間かかっている。

（4）全国2位シェアミルカー・オブ・ザ・イヤーを受賞

　牧場主のハーディさんは、輝かしい経歴の持ち主である。1996年において
ホークスベイ・ワイララパ地区のシェアミルカー・オブ・ザ・イヤー（年間
シェアミルカー優秀賞）の第一位を獲得し、同年同賞の全国大会で2位を獲
得している。ハーディさんは、1983～85年にマッセイ大学でプロダクショ
ン&マネジメントの学士号を取得し、卒業後は**表7**に見るように、酪農地帯
の最大の都市ハミルトンでハードマネージャー（牛群管理者）を、パーマス
トン・ノースの母校マッセイ大学でマネージャーを経て、90年以降は3つの
牧場でシェアミルカーを努め、この間乳牛飼養頭数は増加している。99年か
らは現在のマウンガ・ファームの農場主（オーナー）となっている。99年に
は農場資産の50％を取得し、06年にはさらに10％、09年に15％、15年に残り
の25％を取得して100％の農場資産の所有者となっている。マウンガ・ファー
ムは、もともと肉牛牧場であったが、4年をかけて酪農場に作り変えている。
ハーディさんは、「この牧場を見た時、ポテンシャル（潜在力）がある」と
判断したからである。

表7　アンドリュー・ハーディ氏の経歴

年次	ポジション	地区他	乳牛頭数（頭）
1985～86	ハードマネージャー	ハミルトン	330
86～89	マネージャー	パーマストン・ノース（マッセイ大学）	270→300
90～94	シェアミルカー	ダネバーク	160→280
94～96	シェアミルカー	オリギ	330→380
96～99	シェアミルカー	ルアロア	300→340
99～現在	オーナー	ダネバーク	600→800→720

資料：聞き取りによる

（5）NZ巨大農場の収支と意義

　14/15年の経営収支を見たのが**表8**である。乳価は、2012/13年が5.1ドル
（1kg当たりMS＝ミルクソリッド・乳固形分）、13/14年が6.14ドル、14/15
年が4.60ドル、15/16年が4.55ドルと13/14年に比べ、26％も減少している。
国際価格の下落を直接受けたことによる乳価の下落である。それでも14/15
年のマウンガ・ファームの経営収支をみると、収入110万ドル（8,360万円）

表8 マウンガ・ファームの経営収支 (2014/15)

収入	生乳販売	1,104,124	95.1%
	個体販売	88,458	7.6%
	乳牛資産調整	-34,284	-3.0%
	他収入	2,318	0.2%
	計	1,160,616	100%
支出	労賃	56,984	4.9%
	飼養管理費	108,892	9.4%
	飼料費	257,064	22.1%
	うち飼料調製・購入飼料	202,372	17.4%
	うち放牧、圃場管理費	58,500	5.0%
	その他経費	237,404	20.5%
	うち肥料	85,767	7.4%
	うち乗り物	46,095	4.0%
	間接費	139,783	12.0%
	支出合計	800,127	68.9%
利益		360,489	31.1%

資料：Dairy Base Financial Detail

に対し、支出は80万ドル（6,080万円）で、利益は36万ドル（2,740万円）を
あげている。

　NZの巨大農場は、基本的に雇用型の家族経営でコントラクトミルカーを
雇用し、農場主は経営管理に専念しているものの、約700頭の搾乳牛に対し
て労働力は4人である。集約放牧と1日1回のロータリーパーラによる搾乳、
コントラクター利用、が少人数での農場全体の作業を可能にしている。

　日本では、泌乳量を高めるため1日3回搾乳の酪農場も存在するが、乳牛
に与える負担や労働の負担、コスト面での負担などの問題が存在する。一方、
NZでは1日1回搾乳という逆の動きになっている。そこには、NZと日本の
酪農の飼養方式、飼料基盤などの違いが存在するが、家畜の健康や寿命を重
視するアニマルウェルフェアの視点や生産者の生活重視の視点から、1日1
回搾乳の検討も必要であろう（荒木2017b）。

注

1) NZ Dairy Statistics
2) 全酪新報（2017）。全酪新報「ニュージーランドで新酪農技術が拡大」2017.5.1

引用文献

〔1〕荒木和秋（2003）『世界を制覇するニュージーランド酪農―日本酪農は国際競争に生き残れるか―』デーリィマン社

〔2〕荒木和秋（2017a）「集約放牧と季節繁殖で省力経営を実現する」DAIRYMAN 2017.6

〔3〕荒木和秋（2017b）「1日1回搾乳でコスト削減と省力化を図る」DAIRYMAN 2017.5

〔4〕荒木和秋（2018）「海外先進国の放牧畜産の現状と課題―NZ酪農を中心として―」畜産コンサルタント、中央畜産会2018.8

〔5〕荒木和秋著・坂本秀文協力（2020）『よみがえる酪農のまち―足寄町放牧酪農物語―』

〔6〕須藤純一（2017）「規模拡大と乳量増大に向けた飼養管理の方向へ」デーリィマン2017.8

〔7〕横田　徹、井田俊二（2007）「ニュージーランドの酪農―乳製品価格高騰の中で広がる1日1回（Once-A-Day）搾乳」『畜産の情報・海外編』2007.11

第7章

電気牧柵技術の進化とニュージーランド酪農の高い土地生産性

宮脇　豊

　ニュージーランド（以下NZ）の酪農について、どんなイメージを持たれているだろうか。おそらく「広大な農場で放牧され」、「牛1頭あたりの乳量はそこまで多くなく、年間で約5,000kg」、「温暖な気候で一年中放牧ができる理想的環境で酪農が行われている」といったイメージではないだろうか。

　しかし、驚くべきことに、世界で流通している酪農製品の30％がNZ産である。この国がどうやってこれほどの競争力を持つことができたのであろうか？

　第1節では、電気柵の技術がどのように進化してきたのか、そしてそれがどうやって酪農家の作業を簡単にし、集約放牧の管理を可能にしたかを見ていく。第2節では、NZの酪農がどれほど土地を有効に使っているかを、日本の酪農（北海道）と比較し、最後の第3節では、日本において放牧がなぜ普及・高度化しなかったのかについて考察していく。

　NZと日本の酪農を比較する際には、両国の畜産方法や産業の目標が異なるため、統計データの収集範囲や単位が一致しないという課題がある。これにより、直接的な比較は予想以上に難しいものとなった。

　最近の飼料価格の高騰を背景に、NZの放牧酪農が持つ優れた点を理解することが、今後、日本の酪農再生の重要なカギになると考える。そのため同国の酪農が歴史的困難に直面した際、いかに乗り越えてきたかを説明した。厳しい経済環境改善の一助になれれば幸いである。

　北海道を比較対象にしたのは、日本国内でNZに最も近い農場規模を持ち、限られた数ではあるが放牧を主体とする酪農家も存在するためである。

第1節　高性能電気柵電源装置（パワーユニット）の発明

　電気柵の技術がどのように進化してきたのか、そしてそれがNZの放牧方式にどのように貢献してきたのかを、時間の流れに沿って詳しく見ていくことにする。

　電気柵の歴史は、その起源が第一次世界大戦中のドイツに遡るという事実から始まる。1915年に隔壁物の武器として開発されたこの技術は、その後農業分野での応用を見つけ、1930年代にアメリカとNZで農業用として考案された。NZで最初の電気柵は、車のイグニッションコイルを用いて水銀管でスイッチングする仕組みで、1938年にビル・ガラガー・シニアによって開発された。

　その後、トランジスターをはじめとする新しい電子部品の開発により、電気柵技術は世界中で進化し続けた。しかし、安全性と実用性を兼ね備えた新世代の電気柵電源装置が登場するまでには、その初期型が開発されてから約半世紀の時間がかかっている。この長い時間をかけての進化は、電気柵が現代の酪農においてなくてはならない管理ツールとなる基盤を築いたのである〔1〕〔2〕〔3〕〔4〕。

1．フィリップス博士の世紀の大発明

　1962年にNZで起きた革新は、電気柵業界における天動説から地動説への転換に例えられるほどの大きな発明である。この発明の立役者は、NZのフィリップス博士で、彼の発明により電気柵の実用距離が劇的に拡大している。それまでの電気柵は、実用的な距離が200〜300メートルと非常に限られていたが、フィリップス博士の技術によって、安全性を保ちながら最終的には35,000メートルまで電気柵を設置できるようになったのである。この技術革新によって、電気柵の可能性が根本から変わったのである。新旧の技術には実に100倍もの差があり、実質的には全く別の製品と言っても過言ではないだろう〔5〕。

2. 逆転の発想で安全確保を考えた新世代電気柵

　この電気柵技術は、バッティングセンターのピッチングマシンに例えると、理解しやすくなる。従来の「ハイ・インピーダンス型回路」の電気柵と、フィリップス博士が発明した「ロー・インピーダンス型回路」の電気柵の違いは、バッティングセンターでボールを投げる「ピッチングマシンの腕の振り方」と「ボール」の違いで説明できる。

　ハイ・インピーダンス型（**図1**）：放出される電気を、プロ野球で使用される硬いボール（硬球）に例えると、これは非常に質量があるので、人に高速で当たれば大怪我をする可能性がある。そこで、この硬球を投げる際にピッチングマシン内にスポンジのような抵抗になるものを詰め、腕振り投球速度を遅くすることで、球がゆっくりと山なりに飛ぶように制限する。この方法で、動物は痛みを感じるものの、遅い速度のため安全性を確保しているのである。

　ロー・インピーダンス型（**図2**）：一方、フィリッピス博士によるロー・インピーダンスのアプローチは、硬球ではなくピンポン球を使用することに

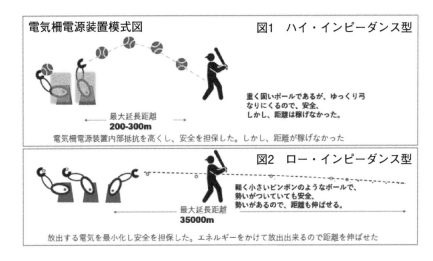

電気柵電源装置模式図

図1　ハイ・インピーダンス型

最大延長距離
200-300m

重く固いボールであるが、ゆっくり弓なりにくるので、安全、
しかし、距離が稼げなかった。

電気柵電源装置内部抵抗を高くし、安全を担保した。しかし、距離が稼げなかった

図2　ロー・インピーダンス型

最大延長距離
35000m

軽く小さいピンポンのようなボールで、勢いがついていても安全、
勢いがあるので、距離も伸ばせる。

放出する電気を最小化し安全を担保した。エネルギーをかけて放出出来るので距離を伸ばせた

例えられる。ピンポン球は軽く小さいため、ピッチングマシンの内部抵抗を下げて、腕を振り切って速い球を投げさせる。高速のピンポン球は人や動物に当たると、痛みを与えるが、安全は確保される。この逆転の発想は、電気柵技術の革新とされ、電気柵の安全性を確保しつつ、効果を最大化できる方法として注目された。

フィリップ博士の発明を商品化し、広く普及させたのは電気技師のビル・ガラガー氏である。彼が開発した新世代の電気柵電源装置（以降、従来型と区別するためパワーユニットと称する）は、従来の電気柵技術を大きく進化させたのである。このパワーユニットの導入により、酪農家は低コストで容易に集約放牧を行うことが可能になり、それが土地生産性を飛躍的に向上させる結果となっている。

ビル・ガラガー氏のこの革新的な貢献は、畜産業界における彼の功績が認められ、2011年にはエリザベス女王から名誉の爵位「サー」の称号を授与されたことからも理解できる。このような高い評価は、電気柵の進化がNZの畜産業、特に放牧酪農にどれほど大きな影響を与え貢献したかを示している。

3. 低コストになった牧柵　集約放牧に必要な２つの牧柵（恒久柵と移動柵）

集約放牧を効率的に行うためには、異なる機能を持つ２種類の柵が必要である。一つは、境界線を設定し、広いエリアを囲うための恒久柵であり、もう一つは、牛の行動を具体的に制御するための移動柵または簡易柵である。

なぜ２種類の柵が必要なのだろうか。牧区が広いと、牛は好みの草を選択採食し、一部の草が過剰に採食され、一方でうまくない草は放置される。採食された草はその後、若芽を出して再生しようとするが、美味しいため再度採食され、結果的にその草は衰退していくことになる。一方で、採食されなかったうまくない草は成長を続け、種を落として草地全体に広がり草地劣化が進行する。

このような状況を防ぐためには、牛の採食行動を適切に管理し、草地の健全な環境を維持するため、不動の「恒久柵」と牛の日々の行動を適切にコン

トロールする「移動柵」の両方が必要となる。

　季節の変化と牛の飼料要求量が泌乳ステージによって異なることを踏まえると、集約放牧において土地の生産性を最大化するために、牛の採食行動を適切に管理することが非常に重要であり、異なる機能を持つ2種類の柵を用いることで、効率的な放牧管理が可能となり、草地の栄養価と生産性を保つことができる。

4．高価格型しかなかった恒久柵に、1/4コストの恒久電気柵が登場

　境界や牧区の大まかな区分けに用いられる恒久柵は、放牧酪農における不可欠な隔壁としての機能を持っている。これは、耐久性と信頼性が非常に高い材料で構築され、NZの美しい風景の一部にもなっている（**写真1**）。具体的には、防腐処理された木柱と、7－10段の厚亜鉛メッキの高張力鋼線で構成されている。これらは、30年以上の耐用年数を有し、伝統的な柵（コンベンショナルフェンス）と呼ばれているが、その分、相当のコストがかかる。

写真1　従来の恒久柵

　さて、牧草の再生期間は10日から60日程度と、季節や草種によって異なる。搾乳ごとに牛に新鮮な牧草を提供するため、多くの牧区がある方が作業を効率的に進めることができる。NZでは、一般的に昼夜放牧で20－30以上の牧区が設けられており、酪農家はゲートの開け閉め程度の軽作業で、牛に新鮮な牧草を提供する集約放牧が行えるようになっている。

　数多くの牧区を設けられるようになったのは、先に述べた電気柵の技術革新、特にロー・インピーダンスのパワーユニットの登場で低コストの恒久電気柵が登場し、多くの牧区が低コストで設置できるようになったためであり、

誰もが容易により集約化した放牧ができるようになった（**写真2**）。

当時の低コスト恒久電気柵のキャッチコピーを紹介する。「Twice the fence for 1/2 the price」「半分のコストで、2倍長さのフェンスが設置できる」という意味である

写真2　新登場の恒久電気柵

（**写真2**）。つまり、4分の1のコストで設置可能になり、これは、多くの酪農家の目を引いたのである〔4〕。

5．経済環境が厳しかった1970、80年代

1973年に宗主国イギリスが欧州共同体（EC、現在のEU）に加盟したことは、NZの酪農業にとって大きな転換点であった。イギリスはそれまでNZの酪農製品の主要な輸出先であったが、イギリスのEC加盟によって貿易関係が変化し、NZの農業にとって新たな挑戦が始まった。この時期、生産コストを下げて収益を確保することが、特に酪農家にとって強く要望される状況であった。

この背景の中で、超低コストの恒久電気柵技術の登場は、より少ない資金で広範囲の放牧地を効率的に管理できるようになり、土地生産性を向上させ、コストを下げて収益を確保する結果を導いた。これは、経済的な不確実性の高い時期において、収益確保への重要なステップであった。

6．恒久電気柵で牧区を増やすことによる作業労力軽減

どのように牧区を増やすことが集約放牧の作業軽減につながるのかを説明する。**図3**は恒久電気柵出現前、**図4**は超低コストの恒久電気柵導入後の牧場のレイアウトを示している。太実線が物理的な柵（多くはコンベンショナルフェンス）で、二本線が恒久電気柵、破線が移動電気柵である。縦横比が3：2の圃場で、中央が牛道になる。牛は牛道を通って、各牧区に導かれる。

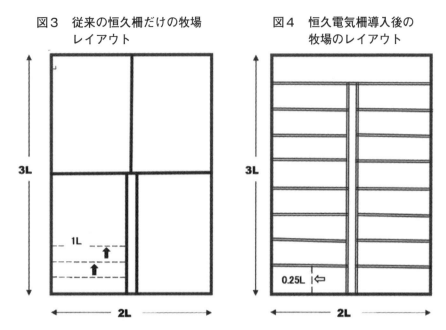

図3　従来の恒久柵だけの牧場
　　　レイアウト

3L
1L
2L

図4　恒久電気柵導入後の
　　　牧場のレイアウト

3L
0.25L
2L

　破線が中仕切りの移動柵を示している。**図3**のストリップ（帯状）放牧において、搾乳毎新しい草地を用意するために、1Lの長さの移動柵の移設が必要になる。一日2回搾乳であれば、移動柵の移設手間は距離に比例するので1L× 2 =「2L」となる。

　同一条件で行けば、細かな牧区が設けられている**図4**では1日、1回「0.25L」で済む。理由は、一つの牧区の奥と、手前で二分割するなら移動柵は中央の短い一本で済むためである。

　これに加えて、**図3**では、大きく重たい電気柵電源装置自体も持ち運ばなければならず手間がかかっていた。これも考慮すると、**図4**のような電気が行き渡っている圃場は集約放牧の手間が10分の1程度に軽減されることを意味する。一時間半ほどかかっていた仕事が、10分程度で済むようなことで、営農上画期的な意味を持っている。

　これらから、分かるようにパワーユニットの進化は単にフェンスが延長できるだけにとどまらず、集約放牧作業の合理化にも貢献したのである。

7．進化し続ける移動柵　回転する移動柵・タンブルフィール

　タンブルフィールは、文字通り「転がっていく輪」状の中仕切用の移動柵である（図5）。端部を移動するだけで全体が動けばどれほど便利かを現実化した農家の創意工夫である。移動の際、いちいちポリワイヤーを巻き取り、繰り出しをしなくても端を動かすだけで済むようになる。両端を別々に動かせば並行に移動するが、準備する牧区は長方形でなくても良いと考えると、片方のみの移動で三角形の新鮮な牧草地を効率的に提供することも可能になっている。

　また、一旦踏みつけられると採食を避ける冬期飼料作物などや、草地が長雨で緩くなり蹄傷が危惧される場合の時間制限放牧を行う際など、そのような場でも活用されている。

図5　タンブルフィールの利用図

Fence wire must be pulled tight during initial installation on to wire and during fence moving - this guides the Tumblewheels in a direct line, otherwise they will move towards the centre of the fence.

SIDE OF A HILL

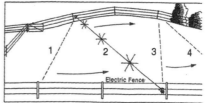

OBLONG PADDOCK OR FIELD

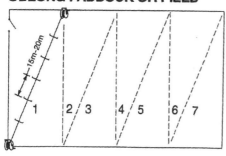

SQUARE PADDOCK OR FIELD

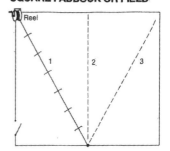

8．進化し続ける移動柵　からまらないポール

　ピッグテールポールは、その独特の形状と使いやすさから、集約放牧における中仕切用の移動柵ポールの代名詞として長年に亘り広く使われてきた。しかし、ピッグテールポールの「しっぽ」部分が絡まりやすい問題があり、作業効率上の改良課題があった。この課題を解決するために豚のしっぽの飛び出しを無くし、リング状内に収めることでポール同士の絡まりをなくした、「からまらないポール」であり、作業性を向上させている。これらの小さな改良の積み重ねが、集約放牧の効率化に貢献をしているのである。

9．川・沢を渡ることも簡単に

　高性能パワーユニットは、川や沢の渡渉設計も容易にしている。フェンスは、時に川や、小沢を横断する必要があるが物理的柵では、水位の増減があるので大がかりな設計になっていた。

　そこで登場したのが「のれん構造」の電気柵である（**写真3**）。図6に示すようにのれん部はチェーンなどの通電物で構成され、水量が少ない通常時には通電されており、動物の通過を許さない構造である。増水時に「のれん部」が冠水し、大漏電が生じる場合、本線と「のれん部」の間にコントローラーを設置すると通電量を適切に抑制し、電気柵全体の電圧を維持すること

写真3　川を渡る電気柵（のれん構造）図6　のれん構造の電気柵模式図

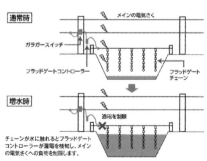

ができる。勿論、水位が下がった場合は、のれん部に再通電されるのである。

10.　複数の動物に対応可能

　フェンス構造は、本来、動物種に応じて別設計が必要である。しかし、電気柵はショックを与えることで、「心理的なバリア」になるため、フェンスの高さを大幅に変えずとも、柵の段数を調整するだけで、様々な動物に対応できるようになっている。

　NZでは、羊農家が酪農に転換することがよくある。羊用の電気柵を、牛用に使用する場合も大きな変更は不要であり、土地を柔軟に使えるようにする大きな助けとなっている。

11.　直近のパワーユニットのさらなる進化

　電気柵の大きな課題は漏電であるが、最近の技術進歩により、この根本的問題を一歩解決できるようになってきている。

　写真4は、あるパワーユニットのモニターの画面で、画面の左側は電流（漏電量）を、右側は電圧（電気の強さ）を示している。

　左下画像は、漏電がない状態で電圧は8キロボルトであることを示している。中央の画像は、漏電によって電圧が一時6.3キロボルトに低下していることを示し、右の画像は新開発の回路が働き電圧が8キロボルトに自動回復していることを示している。電流の数値は、漏電の量であり、右下の19アンペアは、大きな漏電を示しているため、早めに修理する必要があることはもちろんのことである。

写真4　パワーユニット出力表示部における電圧自動回復の様子

以上の様に、NZは放牧中心の酪農を実行するため、放牧関係の資材も日進月歩で進化している。その中で、高性能パワーユニットの出現・またそれに派生した機器は集約放牧の効率化に大きく寄与していることをご理解いただけたかと思う。

第2節　ニュージーランドと北海道酪農の土地生産性の比較

　第1節では、NZで電気柵の技術がどのように進化してきたか、そしてそれがどのようにして牧畜をより効率的に行えるようにしたかを見てきた。ここでは、その効果を土地の生産性の観点から北海道と比較しながら具体的に見ていくことにする。

　まず、北海道とNZの乳牛1頭当たりの乳量を比較すると図7の通り、北海道の一頭当たりの乳量は、NZの倍である〔6〕〔7〕。

図7　1頭当たりの生産乳量比較

北海道	ニュージーランド

9,071kg	**4,559kg**
農林水産省「畜産統計」2021	Dairy NZ 2020-2021

1．面積当たりの乳生産量はNZが多い

　ミルクの生産量を1ヘクタールあたりで比較した図である。北海道では7トン（図8）。NZは13トン（図9）のミルクを生産している。NZの気候が

図8　北海道の土地生産乳量／ha　　図9　NZの土地生産乳量／ha

北海道よりも穏やかで、植物の育ちが良いため、このような差が出るのは当然かもしれないだろう。しかし、ここで示されている数字は、ミルクの総生産量を、使っている土地の面積で割ったものである。つまり、この数字には農場での生産飼料だけでなく、外部から購入した飼料も含まれているのである〔8〕〔9〕〔10〕〔11〕。

2．面積当たりの飼料給与量はさほど差はないかもしれない

　もう少し、内容を探っていくことにする。年間の牧草生産量（DM）は、NZ14トンに対し〔12〕、北海道は牧草が平均で6.4トンである〔13〕。

　ここで、飼料の自給率を加えて考えてみる。NZが92％に対して、北海道は60％である。この自給率をもとに、1ヘクタールあたりの総飼料の提供量（DM）を推計すると、NZは約15トン、北海道は12.3トン（牧草）となる。（＊自給率は、エネルギー評価なので、収穫量を割り返し推定することは、間違いだが、概数を見るため便宜上行っている）

3．NZの土地生産高が高い理由を考察する

ア）理想的な気候と農地位置

　説明するまでもなく、第一の理由は、気候の有利性である。年の寒暖差が少なく、一方で日内変動が大きく植物の糖分蓄積が進みやすい。そして、雪に覆われることがなく、年中放牧可能である。第二の理由は、農地の集約度

である。搾乳施設を中心に牧場の敷地が広がっており、営農し易い条件が整っている。

　一方、北海道は、1年の半分を雪に覆われ、年の寒暖差が大きく、一部地域では凍結が入り使用品種が限られるなど気候のハンディもあるが、一般的には農地が散在し、効率には負の影響がある。これは、放牧にしても刈り取りにしても共通の問題点である。

イ）給餌方法の違い

　NZはほぼ全頭放牧し、給餌の80％を放牧で賄っていると言われている。

　北海道は、放牧している頭数が全体の29.3％と言われているが、NZのような全面放牧形態は殆どとられていないため、貯蔵飼料比率は相当に高くなっている。

　貯蔵飼料は、その調製過程において、刈り取り・貯蔵などでロスが発生する。一方、放牧は飼料を直接口にするのでその調製ロスは発生しないため、効率に差が発生していることになる。

　さて、放牧の草利用率は、北海道では60％（北海道農業生産技術体系（第5版）とされているので、効率は刈り取りに比べて劣ると考えられる。NZにおいて、放牧後の草地には食い残しはほぼ無いので、利用効率は90％を超しているだろう。

　それら、給餌方法の違いから、北海道では貯蔵飼料の調製ロスを仮に20％とし、NZの集約放牧の利用率を90％とすると、それだけでも10％くらいの土地生産高の違いが出てくる可能性がある。

ウ）更新牛の比率

　酪農産業を大きな箱に例えた場合、産業は箱の左から餌を投入し、右から乳が出るものと想像することができる。

　この箱には、搾乳牛は当然存在しているが、よく考えると乳を生産しない育成牛も含まれている。彼らの体は小さいが、しかしそれなりの飼料を必要

としている。その育成牛の頭数比率が高ければ、産業全体の飼料効率が低下することになるとも言える。

　NZで育成牛がどの程度在籍しているかのデータは見つからなかったため、乳用牛全体数から、搾乳中の牛の頭数を差し引くことで試みた。

　乳用総頭数610万頭（NZ統計　2022年6月）に対し、搾乳牛（DAIRYNZ 2019/20）は492万頭である。その差、118万頭を育成牛（23.9％）とみなしたが、公表されている更新率22％と近い値になっている。

　北海道の更新率は25－36％（令和4年度乳用牛群能力検定成績のまとめ、作成：一社）家畜改良事業団）であるが、上記の考え方から行くと乳を生産しない育成牛がNZに比べて相対的に多くいることになり、結果として土地生産高を下げることになると想像される。

４．今後、NZから学ぶことは何か

　気候、環境などいろいろな条件が異なるが、いくつかの点で我々がNZから学ぶべき点は多いかと思われる。

ア）貯蔵飼料の比率軽減

　北海道は、1年の半分を雪に覆われるという条件がある以上、貯蔵飼料は必須で極めて重要なのは言うまでもない。しかし、目の前に農地があるならば、そこを集約放牧で利用することで、コスト低減と土地利用率の向上ができるのではないだろうか。

　北海道農業生産技術体系で、放牧の牧草の利用率は60％であった。これは指導上の仮の数字だが、これを90％位に向上できれば、貯蔵飼料を調製するより土地の効率アップ、そしてコスト軽減になるだろう。しかし、単にフェンスを作って牛を放牧させれば良いと言う訳ではなく、集約化した放牧が必要である。

イ）できるだけ季節分娩に

　NZは牧草の成長曲線に、牛の泌乳曲線を限りなく合わせるように季節分娩をしている。言い換えれば、牛が一番多くのエネルギーを必要とする時期を、草の最盛期にあわせ、それを牛の口で採食してしまうことで貯蔵量を最小化すれば、利益の最大化が可能になる。これは、すぐに出来るものではないが、日本国内で土地に比較優位がある北海道では効果のある方法になるだろう。

　NZでは、全ての酪農家はFEED BUDGET（飼料計画）を実施している。どの時期にどの品質の草がどのくらい必要になるかを計算するのだが、春先に一斉に分娩をさせているので、牛群全体の飼料要求量は月ごとに容易に推定できる。それにあわせて十分な飼料が供給される状態になっているかの試算シミュレーションがFEED BUDGETである。

　集約放牧で牧草を無駄なく使えば、飼料コストは10円で済むものが、サイレージ・乾草の貯蔵飼料にするとそれが30円から60円位に跳ね上る。同等のものを手間をかけ、あえて高くして牛に与える必要はないという考えが季節分娩の背景にある。

　つまり、最大限草の利用率を上げられるのが、季節分娩であり、集約放牧である。

ウ）生産要素の改良

　酪農にはいくつもの生産要素があるが、集約放牧をするためには、牛が好んで採食する牧草を用意する必要がある。放牧は、牛が直接選択するのであるから、ある意味では厳しい条件である。そのために、排水、PH調製、適切な種子選定とその肥培管理など土地に関わる生産要素の改良が必要である。

　同時に牛の改良も望まれる。足腰が強く、あまり大型でない方が蹄傷を軽減できる。幅広い口も草を効率的に採食するには、必要であろう。最大の改良テーマは、繁殖性や、乳成分の向上、長命性や、気質であろうが、遺伝子による改良が望まれる。その際にNZの精液はこれらの条件を満たしている

と言えよう。

　最後に放牧を合理的に進めるには、牧場のレイアウトを工夫する必要がある。どのようなフェンスを設置するのかは重要だが、より重要なのはレイアウト、牛の通路をどこに配置するかである。

第3節　日本において放牧がなぜ普及・高度化しなかったのか

　これほどメリットのある放牧が何故に日本で普及していないのか検討してみる。

　そこには、諸要因があるが、一因に日本の電気柵電源装置の規格が大きく影響していたと考える。関係者以外、一般的には殆ど知られていないが重大な事実で、放牧とくに、集約放牧を実行する上で大きな障害になったので、日本における電気柵の変遷から説明する。

　戦後、1950年代後半から60年代初頭ごろ、日本で電気柵ブームがあった。当時は、獣害の問題はなかったので、もっぱら家畜（牛・豚）の放牧用としての電気柵であり、国内3～4社が製造し、牛の共進会などで販売していた。それは夢の牧柵として飛ぶように売れていたのである。しかし、60年代後半には電気柵の需要は潮が引くように激減してしまった。理由の第一は、電気柵の信頼性が低かったことである。草が少しでも接触すると漏電し牧柵の機能が低下し家畜の脱柵が頻発した。第二は役牛がトラクターに置き換わり、牧柵は不要になったためである。

　放牧の研究は、60年代、70年代に精力的に行われ、草地開発事業（公共育成牧場や大規模な開発など）は60年代後半から70年代にかけて大々的に展開されたが、それらの牧場の柵には電気柵は全く採用されなかったのである。理由は、信頼性に欠けていたためである。

　これらの根源的な原因の一つは当時の安全規格にあった。最初の規格は電気用品取締法（昭和36年）の電気柵電源装置規格で、500オームの漏電で、最大出力電圧が250V以下なることが求められた。電気柵の250Vとは、人間

が触って気持ち良い程度のショックである。そのような事態に陥らない様に、不断の刈取り作業など細心の注意が必要であった。フェンス距離が限られ、人手がある試験場では使えたが、実際の酪農家では使い勝手が極めて悪かった。

　しかし、規格が電気安全法（2000年）に変更後、先に述べたロー・インピーダンスの高性能パワーユニットも認められるようになり、いま、国内でも先に述べた高性能なものが使用できるようになっている。

　さて、飼料価格高騰で厳しい酪農情勢にあるが、いまこそ外部要因に左右されにくい足腰の強い酪農を構築していく絶好の機会ともとらえることは可能ではないか。

　かつて、NZがイギリスEC加盟後、独自の道を低コスト経営の達成によって、国際価格が変動しても安定する姿を模索したが、電気柵の資材も揃って来ている今、北海道も未来を切り開いていくことができると確信する。

参考文献

〔１〕"Gallagher,　History".　Retrieved 9 May 2008.

〔２〕Ag Heritage "...while working as a scientist at Ruakura Agricultural Research Centre in the 1950s..." Ag Heritage

〔３〕"50 YEARS OF POWER FENCING",　V. Jones, Proceedings of the New Zealand Grassland Association 49: 145-149（1988）

〔４〕Legend by Paul Goldsmith

〔５〕Electric fence at Wikipedia in English

〔６〕農林水産省　乳用牛飼養戸数・頭数累年統計

〔７〕DairyNZ 2020-2021

〔８〕農林水産省統計部『2020年農林業センサス』（令和２年２月１日現在）による。

〔９〕農林水産省統計部『作物統計』による。

〔10〕農林水産省統計部『牛乳乳製品統計』による。

〔11〕農林水産省『畜産統計』2021

〔12〕Dairy NZ 2020-2021

〔13〕農林水産省『畜産統計』作況調査（飼料作物チモシー主体）2020

第8章

若者の参入を促進するシェアミルキングシステムと酪農産業教育

荒木　和秋

　NZの国際競争力の強さの要因を、気候条件に恵まれていることや経営規模の大きさに求めがちである。しかし、NZではシェアミルキング農場を中心とした酪農従事者のステップアップシステムによって競争による従事者の能力アップが図られるとともに、教育・訓練によって酪農労働者の能力を如何にレベルアップするか、産業界も政府も力を注いできた。現在、酪農産業従事者の30％が教育・訓練を受けていると言われる。

第1節　NZにおけるシェアミルキングシステム

1．NZの酪農場運営の特徴

　NZにおいては、世界の他の先進国と比べて、独特の運営形態が存在する。世界の主流を占めるのが家族経営である。NZにおいても家族経営（Owner-operators、オーナーオペレーター）農場が主流であるものの、そのほかにシェアミルカー（Sharemilkers）農場およびコントラクトミルカー（Contract Milkers）農場が存在する。

　オーナーオペレーター農場は、わが国の家族経営とほぼ同じで、農場を所有するとともに農場運営を自ら行う。場合によってはマネージャー（管理者）を雇い賃金を支払うが収入の全ては経営主に帰属する。コントラクトミルカー農場は、コントラクトミルキング協定のもと雇用者のコントラクターが搾乳作業を中心に行うが、収益の全ては農場主に帰属し、コントラクトミルカーの報酬は生産乳量の価格と全体の仕事量に従って支払われる。一方、シェアミルカーは合意した農場の売上の配分のもと農場主のために働く。シェアミルキング契約には「50/50配分（あるいは乳牛所有）契約シェアミ

表 1　運営形態別農場数および農場規模および生産量（2021/22）

運営形態		農場数	1 農場平均（頭・ha・千ℓ）			1 頭当平均 MS（kg）
			頭数（頭）	面積（ha）	生産量（千ℓ）	
オーナーオペレーター		6,046	441	158	1,869	380
コントラクトミルカー		1,568	480	163	2,112	397
シェアミルカー	20%以下	115	747	237	3,504	424
	20-29%	489	497	171	2,138	389
	30-49%	149	437	143	1,826	378
	50/50	1,817	411	143	1,759	387
	50%以上	517	456	156	1,994	393
	小計	3,089	446	153	1,926	390
総計		10,796	449	158	1,921	386

資料：「New Zealand Dairy Statistics」
注：農場数総計の中には不明 93 が含まれる。

ルキング（50/50 or herd-owning sharemilking agreement）」と「変動契約
シェアミルキング（Variable-order sharemilking agreement、以下Voシェ
アミルキング）」の二つのタイプがある（LIC DairyNZ 2021/22）。

　以上の運営形態の他にエクィティ・パートナーシップ（Equity
Partnership）が新たに登場している。これは、酪農以外も含め複数の投資
家の共同出資による共同企業体であり、運営に当たるのがエクィティ・マ
ネージャーで出資配当のほか農場運営者としても報酬（給料）が支払われる
（根本 2015）。

　表1に21/22年の各運営形態の農場数および生産の概要を示した。全国の
酪農場数10,796のうちオーナーオペレーター農場は6,046と56％を占め、シェ
アミルカー農場は3,089で28.6％、コントラクトミルカー農場は1,568で14.5％
を占める。シェアミルカー農場のうち50/50シェアミルカー農場は54％、Vo
シェアミルカー農場は46％である。

　全農場の平均規模は搾乳牛頭数で449頭、面積で158ha、生乳生産量で1,921
千ℓであり、3つの運営形態の規模は近似している。

　過去30年の運営形態の動きを見たのが表2である。90/91と21/22を比較す
ると総農場数は、14,685から10,796へ74％の水準に、オーナーオペレーター
農場は9,220から6,046へ66％、コントラクトミルカー農場は130から1,568へ
1,206％の水準へ、シェアミルカー農場は4,075から3,089へ76％の水準になり、

表2　運営形態別農場数の推移

運営形態		90/91	95/96	00/01		05/06	10/11	15/16	21/22
オーナーオペレーター		9,220	9,581	8,592		7,594	7,677	8,315	6,046
コントラクトミルカー		130	195	113		＊＊	＊＊	＊＊	1,568
シェアミルカー	－	－	－	－	20%以下	78	233	134	115
	29%	322	133	＊	20-29%	1,026	1,274	586	489
	39%	146	138	＊	30-49%	231	273	157	149
	50%	3,140	3,614	3,372	50/50	2,719	2,249	1,925	1,817
	他	467	1,149	1,815	50%以上	206	29	406	517
	小計	4,075	5,034	5,187		4,260	4,058	3,208	3,089
総計		14,685	14,736	13,892		11,883	11,735	11,748	10,796

資料：『New Zealand Dairy Statistics』
注：＊は他に含まれる。＊＊はオーナーオペレーターに含まれる。

オーナーオペレーター農場とシェアミルカー農場が減少する一方、コントラクトミルカー農場が大幅に増加している。

　コントラクトミルカー農場の数は酪農統計「New Zealand Dairy Statistics」の98/99年版においては、88/89年から97/98年までは把握されシェアミルカー農場に含まれていたが、05/06年版では96/97年から00/01年までは独立した運営形態としてカウントされている。しかし、その後の同統計では01/02年以降はオーナーオペレーター農場に含まれ把握されなくなった。その後、17/18年以降は再び把握されるようになった[1]。

　これはコントラクトミルカー農場の位置が、従来は29%シェアミルカー農場よりもさらに利益配分の少ないランクに位置付けられるものの、シェアミルカー農場と同様、独立した酪農従事者としてカウントされている。

　しかし、01/02年以降、コントラクトミルカーはオーナーオペレーター農場の雇用労働者として位置付けられるものの、17/18年にはコントラクトミルカー農場は再び独立した運営形態として復活し、数も大幅に増加している。コントラクトミルカーの定義が変動してきたことが推察される。

2．ニュージーランドの酪農労働者の特徴とシェアミルキングシステム

　NZの酪農産業における職業としての酪農家及び酪農労働者（従事者）の特徴は、第1に酪農家の社会的地位が高いことで、それは経済的に恵まれ豊かな生活が実現できていることを示唆している。第2にそのため若者に人気

がある職業として、酪農業界を目指す参入者が多いことである。第3に欧米社会と同じで職場は流動的な就業構造が形成され、労働者はより良い条件の酪農場を求めて動くことができる。第4にそれを可能にするのは酪農労働者の能力であり、それに対応したポジションが用意さているからである。酪農労働者は、一般社会のサラリーマンと同様、自分の能力向上に努め、それに伴って高いポジションにステップアップして行き、オーナーオペレーターというゴールを目指す。

　シェアミルキング制度が生まれてきた背景として、もともと人口が希薄であったNZにおいては労働力は貴重な資源であり、また酪農労働、特に搾乳作業を高齢になってまで行うことへの忌避意識が存在してきた。そのため、如何に若者を農村で確保するかが課題であった。その手段として効果を発揮したのが、シェアミルキングシステムと呼ばれる経営継承制度である。シェアとは「互いに分け合う」という意味で、農場主と労働者で利益を配分することを意味する。農場主が利益を独り占めするのではなく、労働者へもある程度配分しなければ若者は農村に残らないという危機感からであった（荒木2003）。

3．農場運営のステップ

　そこで若者が酪農業界に参入しやすく、かつ定着するシェアミルキングシステムを柱とした就業システムが作られてきた。その仕組みを示したのが図1である。

　まず、酪農での仕事を希望する若者（学卒者、他産業従事者）は、ファームアシスタント（補助者）として働き始める。経験を積むとハードマネージャー（牛群管理者）に、さらに図では省略しているがアシスタントマネージャー（マネージャー補佐）から、ファームマネージャー（農場管理者）を経て、独立した共同運営者であるコントラクトミルカー（契約搾乳者）、さらにシェアミルカーになる。そこで、農場を取得する資金が蓄積するとゴー

図1　ニュージーランドにおける農場運営のステップアップシステム

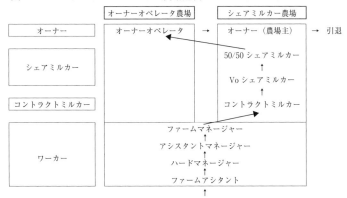

新規参入（学卒者・他産業従事者）

表3　ニュージーランド酪農場における分担者

責任分担者	所有			農場経営	日常管理		
	乳牛	機械	農場		搾乳作業	飼養管理	草地管理
コントラクトミルカー					○	△	
Vo シェアミルカー	△	△		△	○	○	○
50/50 シェアミルカー	○	○		○	○	○	○
オーナーオペレーター	○	○	○	○	○	○	○
オーナー（農場主）			○	○			△

資料：原田英雄『ニュージーランド酪農とシェアミルキング制度』を改定
注：○は一般的、△は個々の契約により規定

ルであるオーナーオペレーターに到達する。

　オーナーオペレーターは、経営主自らが働くものの、高齢になったり他の
ビジネスに参加する状況になると、農作業を行わないオーナー（農場主）に
なり、シェアミルカーを採用してシェアミルカー農場の共同経営者となる。

　各運営者の経営要素の所有関係と役割分担を見たのが**表3**である。所有関
係をみると、乳牛および機械はオーナーオペレーター、シェアミルカーが所
有するが、農場所有はオーナーおよびオーナーオペレーターのみである（原
田1996）。

　農場の経営は、シェアミルカー農場の場合オーナーとシェアミルカーが携
わるが、日常の経営判断はシェアミルカーに任される。

　作業の中心になるのは搾乳作業であり、オーナーオペレーター、シェアミ

ルカー、コントラクターが関わる。日常管理の飼養管理、草地管理にはオーナーオペレーター、シェアミルカーが携わるが、オーナーオペレーターは、労働者を雇用して任せる場合もある。

　シェアミルカー農場においては、経営要素の所有関係から利益配分と費用負担の関係が生じる。50/50シェアミルカー農場においては、名称が示すように生乳収益の配分は、オーナーとシェアミルカーで折半となる。しかし、副産物である乳牛個体の販売収入は乳牛所有者のシェアミルカーに帰属する。一方、農地に関する費用（肥料費、農地保全費など）はオーナーが負担し、シェアミルカーが所有する乳牛、機械などについての費用についてはシェアミルカーの負担となる。ただし生乳生産（収益）にかかわる費用である購入飼料費や即効性の肥料である尿素は両者の折半となる。さらにコンサルタント料などについては両者の折半になる。費用分担の比率は、その費目の性格によって決まるが、両者の間で細かい契約で規定されている。

4．酪農場でのステップアップの事例

　NZでは農場を所有するオーナーオペレーター（家族経営）になることはたやすくない。近年、経営規模が大きくなり、農地価格が上昇し、農場の資産価値が急増しているためである。そのため、オーナーオペレーターはもちろん、シェアミルカーになることも難しくなっている。

　ここで、第6章で紹介したオーナーにステップアップした事例（2016年調査）を紹介する。マウンガ・ファーム株式会社は、北島南部の都市パーマストン・ノースの近郊ダネバークに位置する牧場面積429ha、家畜頭数1,021頭、生乳生産量約2,800トン（ミルクソリッド240トン）の巨大農場である。農場主はアンドリュー・ハーディさん（53歳）で、NZ最大の乳業メーカーであるフォンテラ株主のホークスベイ地区の代表委員である（フォンテラの株主は全て酪農民が持っている）。そのため、ハーディさんは農場の管理とフォンテラの役員に専念しており、農作業はコントラクトミルカー（契約搾乳者）に任せている。労働力はコントラクトミルカー（32歳）のほか、ハー

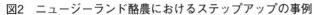

図2　ニュージーランド酪農におけるステップアップの事例

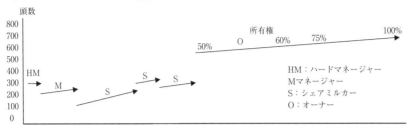

ド・マネージャー（牛群管理者、28歳）ワーカー（40歳男性と18歳女性）の4人である。マウンガ・ファームは、もともと肉牛牧場であったが、4年をかけて酪農場に作り変えられている。

　農場主のハーディさんは、1996年においてホークスベイ・ワイララパ地区のシェアミルカー・オブ・ザ・イヤー（年間シェアミルカー優秀賞）の第一位を獲得し、同年同賞の全国大会で2位を獲得している。ハーディさんは、1983〜85年にマッセイ大学でプロダクション＆マネジメントの学士号を取得すると、卒業後は**図2**に見るように、北島の最大の酪農地帯の中心都市ハミルトンでハードマネージャー（牛群管理者）を、次に北島南部の都市パーマストン・ノースにある母校マッセイ大学でマネージャーを経て、90年以降は3つの牧場でシェアミルカーを務めている。99年からは現在のマウンガ・ファームの株の50％を取得しオーナー（共同）になり、06年には10％、09年に15％、15年に残りの25％を取得して100％とし、事実上のオーナーになっている。

第2節　酪農従事者の教育・訓練システム

1．プライマリィITOの組織概要

　NZの酪農労働者、農場運営者のそれぞれのポジションに対応した資格とそれを取得するために教育プログラムが用意されている。産業教育を担当す

るのがプライマリーITO（第1次産業訓練機構）である。

NZでは、19世紀の移民が始まった時から酪農民の教育・訓練への取り組みが酪農民自身によって行われてきた。1980年代から政府が国民皆生涯教育訓練計画というべき「スキルNZ」を進めてきたが、その中心的役割を果たしきたのがITOである。ITOは全産業を網羅するように各産業に作られた（荒木 2003）。農業分野においても、当初から農業ITOと園芸ITOがあったが、NZにおける最大の産業である農業を一層強化することから、プライマリーITOが新たに作られた。プライマリーITOは、表1にみるように様々な分野の農業労働者の訓練をサポートする機関であるが、プライマリーITOは独自に校舎や訓練スタッフを持ってはいない。2016年には、全国で140人の面談スタッフが置かれ、60人のサポートスタッフを通して7,107人の雇用主のもとで働く31,668人の訓練を行っている。全国に配置された各事務所は、訓練の場の設定を行い、座学の場合は、学校のホールやホテルの会議室を使って、そこに契約講師を派遣して行う。実践の場合は、派遣指導者から酪農場などで訓練を受けるが、訓練場所の農場主が講師になる場合もある。

表4 プライマリーITO が対象とする職業

農業	酪農	養蜂
	羊・肉牛経営	羊の毛刈り
	養豚	灌漑
	養鹿	有害生物の管理
	養鶏	農村サービス
	快適な園芸	苗木生産
	樹芸	ポストハーベスト
園芸	花卉園芸	スポーツ用芝生
	草花栽培法	野菜生産
	果樹	ぶどう栽培
	造園	
馬	馬の育成	競馬場保守
	繁駕競争	純血種競争
食品加工	乳製品製造	海産食物
	肉製品製造	

資料：「Land the best job on earth」

2．プライマリー ITOの教育・訓練の内容

ITOの教育は、「もともと大学に行かない人のためのプログラムである」（ALSデニス・ラドフォード、ゼネラル・マネージャー）。NZでは大学は8つの国立大学しかなく、大学進学者は極めて限られる。NZの高等教育の段階は、レベル1から10までである。レベル1は読み書きの能力、レベル2は計算能力、これらを含めてレベル1～5までがプライマリーITOが対象とす

る教育レベルである。ちなみにレベル６、７が大学学士、レベル８、９が修
士、レベル10が博士である。

　酪農の教育訓練課程は、**表5**にみるように酪農業界の労働者のポジション
に対応して５つのコースが設定されている。そこでの訓練プログラムは産業
界からの意見を取り入れて作られる。まず、ファーム・アシスタントは農場
補助者としての全般的な学習と実践、ハード（牛群）マネージャーは乳牛の
飼養管理、アシスタント・マネージャーは、牛群管理のほか農場運営やス
タッフ管理の補助、ファーム・マネージャーは農場主の代理としての農場の

表5　酪農産業における学習課程

酪農場のポジション	ファーム・アシスタント	ハード・マネージャー	アシスタント・マネージャー	ファーム・マネージャー	ビジネス・オペレーションズ・マネージャー
農場での経験	新入生	少なくとも２年	３～４年	最低５年	５年以上
監督の有無	全体的な監督	限定された監督	最低限の監督		
役割の内容	農場での毎日の仕事の助力。搾乳、飼料給与、農業機械の運転、フェンスの修理など農場の保守、家畜飼養・飼料給与、水回りなどの観察と報告、家畜の敷地での扱い、交配や育成の補助、分娩や哺育の補助。	毎日の農場作業のいくつかや、一つの牛群に責任を持つこと。具体的には、搾乳、飼料配分、牛群の健康管理、家畜福祉問題、交配や育成、限定された監督のもとでの分娩と哺育。	ポジションを昇進している上級の牛群管理者として、農場の毎日の管理を手助けをすること。具体的には、ファームマネージャーがいない時のスタッフの管理、農場計画と方針の実行、監督下での交配計画の実行、分娩と哺育。	農場主からの最低限の助力で運営。具体的には、農場の目標を一致させること、全ての生産の状況、家畜、環境やスタッフの管理、責任は持たないが予算執行への関与。	全事業目標達成への責任、具体的には、農場の目標、計画、実行の評価を農場主と合意すること、農場の目標に対しての報告。また、予算、目標、資源必要額を含む、全ての分野について責任を負うこと。また、多様な農場や事業者に対して責任を負うこと。
国家資格	L3 乗り物、機械類と基盤、L3 乳牛管理、L3 搾乳技術	L3 家畜飼養、L4 酪農業	L3 農業スタッフ管理、L5 生産管理	L5 アグリビジネス管理	
短期コース	牛乳品質ステージ１と食品安全、酪農場の廃液処理、初歩的助力の理解、初歩的理解の再確認	牛乳品質ステージ2、牛乳の明敏な原理、酪農場廃液の管理	トレーナーの訓練、効果的な監督、健康と安全の管理	廃液管理計画	

資料：『Dairy Industry Prospectus』PrimaryITO
注：L＝レベルの略

運営、そしてビジネス・オペレーションズ・マネージャーは農場の事業目標や計画など経営全般に対する責任者であり、シェアミルカーや農場主が教育・訓練を受けるコースである。ステップアップするに従って、技術から経営に比重が移っていく。各コースでは、テキストが作られており、例えばハード・

マネージャーコースのL4「酪農（Dairy Farming）」では、「放牧地・土壌・肥料」「飼料給与」「牛の健康」「飼養管理」「生乳の品質」「環境」「ベンチマーキング（指標の比較、分析による改善手法)」の７つのテキストが作成されており、写真や図表を使って理解力を増す工夫がされている（**写真**）。これらのコースを修了し、試験に合格するとレベル３〜５の国家資格が与えられる。

３．教育・訓練の特徴とメリット

　プライマリーITOの訓練の基本的な特徴は、第１に大学やポリテク（専門学校）と違って受講者の状況に合わせていつでもスタートが可能である。第２に受講者の仕事場の近くで訓練を受けることができる。第３に受講者の準備ができれば、地方のアドバイザーが受講の選択について話し合いを行い、受講期間中いつでも相談出来る態勢が取られる。第４に産業の季節性や訓練生の仕事や責任の状況に合わせてプログラムを選択することができる。第５にボランティアの助言者ネットワークによる助言やサポート、励ますことでやる気の醸成を行う。第６に訓練プログラムが完了すると国家承認資格を受け取る[2]。

　これらを基本として、オフ・ジョブ（講義）の後、オン・ジョブ（実践）が行われる。酪農の場合は、訓練は１日の朝晩２回の搾乳作業の間に行われ

る。また、果樹の場合の収穫作業の訓練は、実際の農場での収穫作業が行われる直前を見計らって訓練を行が行われる。そのほうが訓練の効果が上がるからである。

プライマリーITOの大きな特徴は学費の低さにある。そのため、「Get a qualification without the debt（借金なしで資格が取れる）」が大きな売りになっている。訓練のための料金は、コースの期間と訓練内容によって違うが、おおよそ200 ～ 1500NZ$（1万6千円～ 22万5千円）である。これらの費用の70％は政府が支援する。他の30％は受講生である労働者が支払うが、資格を取得時に農場主が同額を労働者に支払う場合もある。

学費の負担が生じるものの、被雇用者（受講者）、雇用主双方にメリットがある。まず、被雇用者は、技能の改善と自信をつけることがき、学習中に稼ぐこともできる。また、キャリアの段階をより早く登る（昇進する）ことができ、さらに労働者の中で高い位置を獲得することができる。一方、雇用主にとっては、より効果的に事業判断ができること、経営の支配とリスク管理が可能となり、やる気を刺激して優秀なスタッフを保持し、収益を守ることができることである[2]。

ちなみに、プライマリーITOの内部組織であるASL（Agricultural Services Limited）は、積極的に海外支援を行っている。現在はチリ、コロンビア、スリランカ、インドネシア、ミャンマー、ラオスなど南米、東南アジアへの支援を行っている。ただし、NZの教育・訓練システムをそのまま付与するのではなく、専門のスタッフが相手国の担当者と話し合いながら、支援国の実情に合った訓練プログラムやマニュアルを開発することになる。「支援国での開発プログラムがいかに根付くかがポイントになる」（デニス・ラドフォードGM）からである。

NZでは国と産業界が一体となって酪農労働者のレベルアップを行っていることがNZの国際競争力の強さのポイントでもある。第一次産業訓練機構（ITO）は政府からの支援を受けているとはいえ、雇用主も積極的に支援するなど「若者を育てる意識が地域にある」（デニス・ラドフォードGM）こ

とが、NZの酪農業界の特徴の一つでもある。

　（この章の一部は、荒木「国と産業界が一体となって能力のレベルアップ図る」『DARYMAN』2017-9に掲載したものである）

注
1 ）『New Zealand Dairy Statistics』
2 ）「Dairy Industry Prospectus」Primary ITO」

引用文献
〔1〕荒木和秋（2003）『世界を制覇するニュージーランド酪農──日本酪農は国際競争に生き残れるか』デーリィマン社、pp43-63
〔2〕根本悠（2015）「ニュージーランドのシェアミルカー経営と最近の動向」『畜産の情報』農畜産振興事業団、pp76-86
〔3〕原田英男（1996）『NZ酪農とシェアミルキング制度』ヘルパー全国協会
〔4〕LIC DairyNZ（2022）「Operating Structures」『New Zealand Dairy Statistics 2021-22』pp22-25

第9章

ニュージーランドの技術指導で発展する酪農経営
ニュージーランド北海道プロジェクト実践放牧酪農場の事例

高原　弘雄・荒木　和秋

　日本の酪農は飼料価格高騰によって苦境に立たされている。これまで日本酪農の成長を支えてきた要因の一つである安価な濃厚飼料の価格が高騰したことから、輸入飼料依存の酪農の経営構造が裏目に出たことによる。

　一方、飼料自給率を向上させる放牧の取り組みも行われてきた。その一つがNZで確立された集約放牧である。集約放牧技術は日本の研究機関でも調査、研究がすすめられ、マニュアルが出されているものの普及が遅れている。普及速度を速めるためにNZと北海道の間で協定が結ばれ、飼料自給率向上の取り組みが進められてきた。

　NZ北海道酪農協力プロジェクト（以下、NZ道PJ）は、NZ政府とNZの主要乳業会社が主体となり、農林水産省、北海道庁の後援のもと2014年からスタートした。14 〜 15年にかけて予備調査が行われ、16年以降、道内の４農場の技術指導と調査が行われている。プロジェクトの目的は、「放牧による牧草の有効活用の効率向上と収益性向上」（NZ道PJパンフレット）であり、NZの酪農技術者の派遣の技術指導と調査が行われ北海道の放牧酪農家の技術指標を作成することである。このNZ道PJに参加した天塩町のT農場の成果を紹介する。

第１節　T農場の概要と経営改善

１．T農場の概要

　T農場は、北海道の道北にある留萌振興局の天塩町に位置する。経営概況（2023.1）は、世帯主M氏（44）、弟（41）、妹（36）の３人の労働力で経産

牛頭数は43頭、育成牛22頭を飼養している。農地面積は兼用地28ha（うち借地5ha）、採草地63ha（うち借地63ha）の計91haである。採草地が豊富なため牧草の販売を行っている。

　T農場は、1935年にM氏の祖父が入植し農場を開設した。農場では、てん菜、馬鈴薯を栽培する他、養鶏も行っていた。75年に酪農実習を経験し就農した母が放牧酪農を始め、94年頃には通年舎飼いに移行している。M氏は愛知県豊田市のトヨタ工業技術学園（現トヨタ工業学園）に進学し、3年間の職業訓練後、トヨタ自動車㈱に入社し、同社の工場で働いた。

　T農場では、04年の台風18号で牛舎が全壊するものの牛は大丈夫であったことから2.5km離れた牛舎を借りて1年半営農を続けた。しかし負債が膨らんだことから、07年に父（70）の要請を受け、M氏はUターンし就農した。就農時の状況は「離農勧告」に近い状態であり、飼養頭数が少なく、後継牛もいなかったことから廃用牛を買ってきて搾っていた。そこで、M氏は後継牛を育てることから始め、頭数を増やすとともに放牧を再開した。

2．T牧場の放牧地の整備

　M氏は、飼養管理技術を我流から酪農の基本（マニュアル）に沿って変更した。例えば、搾乳の手順、繁殖管理、乾乳軟膏を使うなどであった。また、飼料添加剤をなくし経費を削減した。自動車会社で学んだ経営改善手法を駆使し、12年には経営の黒字化を達成した。13年に経営の移譲を受ける一方、経営の発展のために14年にNZ道PJ参加者の募集に応募して地区の中から選ばれた（日本酪農青年研究連盟 2018）。

　M氏は、就農後放牧地の整備を行った。第一に牧道は、トラクターが通れる兼用道路（幅5m、360m）と牛のみの通路（幅2m、740m）を整備した。道路の基礎には自宅の山砂利を基本として、岩盤（もろい粘土状の塊）や砂砂利を敷き、中山間事業を活用した。第二に水飲み場は各牧区で飲めるようにするため11か所に設置した。第三にフェンシングワイヤーで放牧地の外周を囲い、その中の牧区はポリワイヤーで区切った。

　現在の放牧地の草種構成は、オーチャード50％、ペレニアルライグラス（以下ペレ）30％、白クローバー15％、リードカナリー5％である。改善前はオーチャード70％、リード30％であったが、ペレと白クローバーを追播したが、ペレは春の生長が抑えられることからスプリングフラッシュ対策として有効であり、トッピング（徒長牧草の刈取り）の回数を少なくしている。

第2節　ニュージーランド北海道酪農協力プロジェクトによる経営改善

1．改善の概要

　NZ道PJでは、NZから北海道に訪れた技術者が年に2～3回道内の酪農場を回り、草地の利用を中心に経営状況の把握を行い、経営改善の提案を行った。

　16年6月に開かれたNZ酪農技術者のキース・ベタリッジ氏の調査結果に基づいた牧草利用の改善点は、①牧草サイレージの刈取回数を2回から短草刈りで3～4回に増やすことで栄養価の高いサイレージを生産する、②夏期の適切な放牧管理のため放牧圧をかけて牧草の状態を良好にする、③放牧地の余剰牧草は刈取り、サイレージにして放牧草の高さを一定に調整する、などであった（諏訪 2018）。

　T牧場への牧草利用の提案は同様に行われた。その具体的内容は、放牧地については放牧時期、牧草の草丈、放牧圧等であり、採草地については刈取開始時期、水分調整などである。そのことによる濃厚飼料の給与減であった。提案による変化を示したのが**表1**である。

　この他、施肥については、2種類の化成肥料（コート肥料）を草地によって使い分けている。自家用採草地には、50kg/10aを、販売用採草地には30kg/haを施用している。兼用地で3番草を取る圃場には8月中旬に化成肥料（17−0−17）を10kg/10a散布する。堆肥は、舎飼期（11月中旬～4月下旬）に屋根付き堆肥舎で保管した生糞を春先に搬出し、3～4回切り返しを

表1　高原牧場の NZ・北海道酪農協プロジェクト参加による経営変化

	以前（～2015年）	NZ技術者提案（16、17年）	以後（2018年～）
兼用地面積	8ha（4牧区）	兼用地拡大	28ha（43牧区）
放牧利用	なし	ライジングプレートメーターの活用	実施
	5月中～下旬	放牧開始を早める	4月下旬
	30cm	短草利用	20cm以下
	0.5～1頭/ha	放牧圧を上げる	2頭/ha
	14牧区（2ha）	小牧区化	43牧区（0.5～0.9ha）
採草地利用	6月中旬	刈取り開始	5月下旬
	30～40%	ラップサイレージ調製水分	45～65%
配合飼料量	2.68トン/頭（2012）	配合飼料給与減	1.11トン/頭（2020）

行って秋に1.5トン/10a散布する。

２．兼用地利用の改善

（１）放牧地利用の改善

　放牧地の利用改善は、第一に放牧地の正確な草量を把握するためのライジング・プレートメーター（草量計）の利用である。M氏は14年に導入し、時期毎の草量の把握を行っている。

　第二に放牧時期については、提案前の15年以前は連休明けの５月中～下旬であったが、「牧草が伸びて風でなびいている状態」であった。プロジェクト参加後は、４月27～28日で新芽が出てきた段階で放牧を開始している。放牧時の草丈は、以前の30cm程度から20cm以下の短草利用に移行している。これによりタンパク質成分の高い放牧草になっている。短草にすることは牛の食い残しを少なくすることであり、そのためには１牧区を小さくするとともに、飼養頭数を多くして放牧圧を高めることである。そこで、牧区数を14牧区から43牧区に増やし、以前の１牧区平均２ha、３～４日のローテーションから平均0.5ha、半日のローテーションにすることで、ストッキングレート（放牧圧）を１ha当たり0.5～１頭から２頭に増やしている。

　第三にトッピングの実施である。これは伸びすぎた草だけを刈り取る方法で、全面的な刈取である掃除刈りとは違う。放牧地の牧区を２回使うと、糞のところが伸び過ぎになる。以前、掃除刈りをお盆過ぎに１回だけ行ってい

た。その時は、草丈は長いところと短いところがあり、デコボコしていており、穂も出ていたため採草利用にした。NZの技術指導者からは、伸びた放牧草を見て、「いつ刈るのだ？ 今刈りなさいと言われた」、「伸びすぎていたオーチャードの茎を食べさせるのではなく、ペレニアルライグラスの葉を食べさせること」が重要であると指摘された。T牧場では、オーチャード主体であったことから成長すると茎の割合が多くなっていた。

　トッピングの方法は、ディスクモアで7〜10cm未満で刈り取ると同時に糞を散らばすことができた。トッピングすることで放牧草の利用率が高まるため、ロールラップサイレージの持ち出し個数が15年では20個であったものが、16年6個、17年0個、18年6個と大きく減少した。

（2）兼用地の放牧・採草の交互利用

　提案の一つは、兼用地を増やすことであった。放牧地の草が余っていたことで、放牧地の面積を減らして全て兼用地にした。牧区数を14から43に増やすとともに、2015年までの兼用地4牧区7.4ha（1.5ha、2ha、2.4ha、1.5ha）、放牧地20haを全て兼用地にした。

　T牧場では放牧地利用を採草も行うことで全て兼用地利用にしている。年間の利用内容を見たのが**表2**である。牧区の年間の設定は、4月下旬は14牧区（1牧区1.5ha〜2ha）からスタートし6〜7月は1牧区0.5ha、全43牧区の利用となる。

　放牧の時間帯は、放牧開始直後は日中放牧であるが、1週間後に昼夜放牧とする。21年は、4月28日に放牧を開始し、5月12日に昼夜放牧に移行している。牧区の利用時間帯は、牛舎に近い18牧区（最大21牧区）を夜牧区とし、遠い25牧区を昼牧区（夜牧区が増えると22牧区に減少）としている。夜牧区の設定は、朝の搾乳時の牛舎への追い込みを楽にするためである。

　兼用地では、まず昼、夜、各1牧区0.5haでの半日放牧を1〜2回のローテーションで繰り返す。放牧草の草丈は、入牧時の20cmから退牧時の7〜8cmまで食べさせる。採草の目安として、牧区での草量（乾物量換算）が

表2　兼用地の放牧および採草の利用内容

時期	時間帯	期間	牧区数	1牧区面積	採草・放牧基準	ローテーション
4月下旬	日中	7～10日	16	1.5～2ha		1回
5月上旬～10月下旬	昼夜	175日	43 昼（25→22）牧区 夜（18→21）牧区	0.5～0.9ha	DM2500kg/haを超えた場合、放牧を中止し採草。DM1200～2500kg/haまで再生した場合は放牧。	①放牧ローテーション（1～2）回→採草 ②放牧ローテーション（2～3）回→採草 ③放牧ローテーション（2～3）回→採草 ④放牧ローテーション（2～3）回→採草 ⑤放牧ローテーション（2～3）回
11月上旬～中旬	日中	15日	16	1.5～2ha		1回

2,500kg/haを超えた段階（5月下旬）で放牧を中止し、40～45日で刈り取りを行う。収穫後は草量が1,200～2,500kg/haに再生した段階で再び放牧を行う。その後、同じように草量が増えれば採草利用を行う。これを採草地の1～4番草の収穫と平行して行う。従って兼用地は、頻度の高い牧区で放牧と採草の3～4回の繰り返しを行うという北海道での他の経営では見られない利用が行われている。11月上旬に昼夜放牧から日中放牧に移行するとともに、牧区の面積を広げ11月中旬の降雪時期まで放牧を行う。冬期の道北地域は吹雪になることが多いことから4月末までは完全舎飼いである。

3．採草地利用の改善

　採草地利用については、第一に刈取時期を早めたことである。以前は6月の中旬であったが、これを6月上旬に行うことにした。また、放牧草の用途によって、例えば21年は、搾乳牛用は早刈りを行い6月5日に、乾乳・育成用は6月12日に、販売用は6月20日に刈取を行った。兼用地利用については放牧草量を見ながら5月下旬に刈取りを行った。

　第二に牧草調製は全てラップサイレージにしているが、販売用（500kg）は乾草に近いため、水分率は30～40％である。一方、搾乳牛用は早刈りにすることで放牧草の栄養価に近い調製を行うため水分率は45～65％と高く

なっている。

　第三は刈取回数を増やしたことである。「採草回数は３回のほうが２回より早い段階で刈り取れる」ことで３回にし、草丈30～40cm、40～45日間隔で刈り取りを行い、番草毎に収穫作業と給与計画の見直しを行った。T牧場では毎年400本を確保し、余剰分は販売している。21年は、730本（500kg/本）収穫し、220本を販売した。その他、乾草を100本（280kg/本）を収穫・調製し、この中の一部は寝藁用にし、余剰分は販売している。

４．草地と牛舎の管理作業

（１）草地管理の機械装備

　駆動機械のトラクターは、15年に140馬力を1,300万円で購入し、また17年に100馬力を800万円で購入している。それまで中古トラクターを使っていたものの、毎年約250万円の修理代がかかっていたことから新車を購入した。

　施肥管理の付属機は、ブロードキャスター、マニュアスプレッダー、バキュームカーなどである。また、牧草収穫調製機械は、ディスクモア、レーキ、コンビネーションレーキ、ロールベーラなどである。付属機の修理は自分で行う。

（２）草地の管理作業

　牧草の収穫作業は２人で１日６時間行う。採草専用地での１番草収穫作業で５月下旬～６月上旬に延べ10.5日間、２番作業は７月中旬に延べ7.5日間、３番草は９月下旬に延べ２日間行う。一方、兼用地の採草は採草専用地の前に行うが、１番、２番、３番とも延べ２日間である。以上から採草専用地での収穫・調製作業は240時間、兼用地での作業時間は24時間になる。

　一方、放牧地管理に関する作業は一人で行い、電気柵の設置が２日（５時間）、電気柵の降ろしが１日（６時間）、放牧地の見回りおよび下草刈りが５日（３時間）、水槽の設置が１日（３時間）、片付けが１日（５時間）、合計39時間である。また、放牧地からの毎日の牛追いは１回で一人15分、牛舎で

の繋留作業に二人で15分、合計45分であることから、日中放牧期は春先の7日と秋の15日の1日1回で、合計16.5時間、昼夜放牧期は夏期の153日で1日2回であることから年間239.5時間である。以上のことから放牧の作業時間は285時間である。

（3）飼養管理の現状と改善

　毎日の畜舎作業は、家族3人で午前は5:30～8:30の3時間で、うち搾乳はパイプライン方式でユニット4台を使い6:00～7:00の1時間である。午後は15:30～18:30で搾乳時間は17:30から1時間で、朝夕の作業時間は計6時間以内で済んでいる。

　飼料給与は、放牧期（5月上旬～11月下旬）で配合飼料（CP16）と混合飼料（とうもろこし少・大麦多）を計3kg、舎飼期に配合飼料（CP18）に混合飼料（とうもろこし多、大麦少）を計4.4k給与している。大麦は「胃袋に留まる時間が長いためルーメンの機能を促進する」ことで給与している。15年以前はビートパルプを夏期に給与していたが、NZの技術者から「ビートパルプはただの繊維でしかない。牧草を食べなくなる」と助言を受けて給与を停止した。

　ラップサイレージの給与は、1番草は年初～4月中旬と11月下旬から年末まで、1日1頭当たり27.5kgを給与する。2番草は育成用で、3番草は4月下旬と10月下旬～11月上旬に1日1頭当たり14kgを放牧地で散布して給与する。育成牛は6か月齢まで飼育したあと町営の公共牧場に預託している。

第3節　経営改善による成果

1．給与飼料の変化

（1）放牧草の栄養成分の変化

　NZ技術者の指導内容は牧草の栄養成分を高めることであった。**図1**は、放牧草のNDF（中性データージェント繊維）とCP（粗蛋白）の年次推移を

見たものである。NDFはルーメ
ン内で消化されるが、NDFなど
の繊維が多い牧草を食べるとルー
メン内で停滞するため乾物摂取量
が減少する。そのため、若い放牧
草のNDF消化率は高く未消化の
繊維の含有率は低いことから乾物
摂取量は増加する。T農場の放牧
草のNDF率は15年の50.9％から18

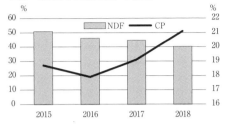

図1　放牧草栄養成分の推移

資料：T牧場資料

年には40.3％に低下する一方、CP（粗蛋白質）率は15年の18.7％から18年の
21.1％に増加し、放牧草の栄養成分が向上している。

（2）飼料給与の変化

　放牧草やグラスサイレージの品質
向上によって配合飼料などの購入量
は減少した。**図2**は、配合飼料等の
月別購入量について12年と20年を比
較したものである。購入量は、12年
の86トン（ビートパルプ10トンを含
む）から18年の44トンに減少してお
り、ビートパルプを除く配合飼料の

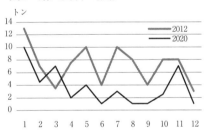

図2　購入飼料の推移

資料：クミカン

減少率は42％である。特に5〜10月の放牧期においては71.6％（配合だけで
は63％）の減少になっている。

（3）乳代および乳飼比の変化

　配合飼料の大幅な減少は購入飼料費の減少につながった。**図3**は、12年以
降の乳代、飼料費および乳飼比の推移を見たものである。乳代は、12年の
1,627万円から20年の2,475万円と52％増加するものの、飼料費は539万円から

20年の401万円に26％減少する。
この間、経産牛頭数は30頭から40
頭に増加していることをみると、
1頭当たりでは18万円から10万円
に46％減少している。

その結果、乳代に対する飼料費
の割合を示した乳飼比は、12年の
33.1から20年の16.2に半減してい
る。

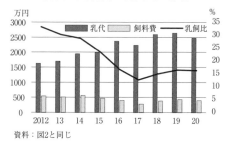

図3　乳代・飼料費・乳飼比の推移

資料：図2と同じ

２．経営収支の変化

T牧場の経営費の中で、飼料費
以外の他の費用の変化を見たのが
図4である。最も費用の増大が大
きいのは減価償却費で、12年の
300万円から21年の890万円に伸び
ている。その要因は、15年に1,300

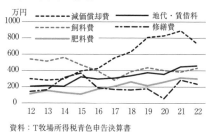

図4　費用の推移

資料：T牧場所得税青色申告決算書

万円と17年に900万円のトラクターを購入し、19年にコンビネーションベー
ラ（636万円）を購入したことが大きい。

　肥料費は2012年の114万円から21年の310万円に増加している。その理由は、
16年に採草地4haを購入したこと、追肥（8月中旬）を始めたことである。

　一方、借地は68haと全農地の75％を占めていることから地代の負担が大
きく、22年の支払地代は458万円と経営費の13％を占めている。

　経営収支の推移は**図5**にみるように、まず経営費の合計は12年の1,951万
円から20年には2,872万円に47％増加するものの、粗収入は2,530万円から
3,695万円へと46％増加したことから、農業所得は、12年の579万円から20年
の823万円へと42％増加している。その後、21年は616万円、22年は548万円
と減少している。特に、22年は資材費の高騰によって全道的に所得が落ち込

み赤字に陥ったが（荒木 2023）、T牧場は所得を維持している。

NZ道PJ参加前の14年は290万円まで落ち込んでいたが、その後の農業所得は草地の生産性向上によって回復し、さらに所得向上をもたらしたと言えよう。

図5　経営収支の推移

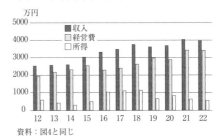

資料：図4と同じ

3．ニュージーランド北海道プロジェクトの意義

T牧場は、NZ道PJに参加し、NZの技術指導者のもと草地の利用改善を行ってきた。

第一は、放牧草、グラスサイレージの栄養価を高めるための短草利用である。第二は、放牧草が余っていたことから採草地部分を増やすため兼用地を増やしたことである。第三は搾乳用のラップサイレージ用牧草の早刈りによる栄養成分の向上である。

T牧場は、これまでの放牧地専用利用から兼用地利用に変えることで高度な土地利用を行っている。また、牧草の短草利用によって栄養成分の向上とともに単収の向上によって配合飼料を減らし、所得向上につながった。NZ道PJへの参加が草地の生産性と所得向上に結び付いた典型的な事例である。

引用文献

〔1〕諏訪　茂（2017）「放牧の挑戦―ニュージーランド・北海道酪農協力プロジェクト―」『農業協同組合経営実務』全国共同出版

〔2〕日本酪農青年研究連盟（2018）「経営カイゼンから始まる放牧改革」『若き酪農家の研究・第62集』

〔3〕荒木和秋（2023）「有機飼料自給確立の道程」、荒木編著『有機酪農確立への道程』筑波書房

第10章

日本はニュージーランド酪農からいかに学ぶか

荒木　和秋

　この章では、危機に陥っている日本酪農の再生のためのヒントを各章で詳述した内容についてNZからいかに学ぶか検討したい。日本が学ぶべきNZ酪農が優れている点は、第1にNZは低コストで酪農先進国の中で最も強い競争力を有している。第2に若者が酪農に参入し易いシェアミルキングシステムが確立している。第3に投資会社による酪農場の建設と運営は、今後日本で生じる離農による耕作放棄地の解消に参考になる。第4にNZでの酪農業界あげての持続可能性の取り組みである。

第1節　日本の酪農危機の構造

　日本の酪農は、かつてない危機を迎えている。2015年から始まった酪農バブルは2020年まで6年間続き21年には平年値に戻るものの、22年からは資材高騰などで酪農経営は危機的な状況を迎えている。

　こうした酪農経済の暗転の原因は、飼料や肥料などの資材価格の高騰と乳牛や肉牛の個体販売の下落による。図1は20年を100とする農村物価指数の推移をみたもので、15～21年はほぼ90～120の範囲で変動するものの、飼料は22年7月には146、11月には150と上昇し、23年7月時点で145と高止まりをしている。肥料も同じく22年7月には143、11月には150へと上昇し、23年7月時点では142と同じく高止まりをしている。

　一方、副産物である個体販売の成畜は16～18年まで120近くであったが、22年（年間）は97、23年7月時点で71、子畜も同じような動きをしており22年（年間）は89、23年7月時点で76に低下している。今回の酪農危機は、生産資材の価格高騰と副産物の乳牛個体の価格下落という挟撃状況に置かれて

いることによる。

　これらの結果、農家経済は大きく変動している。**図2**は、04 ～ 22年の19年間の北海道の搾乳牛頭数規模別の農業所得の推移を見たものである。ただし、20年以降、頭数規模の区分の変更が行われている。04 ～ 14年の11年間の平均所得は900万円であったが、15年には1,613万円、16 ～ 18年は2,000万円を超え、19、20年も約1,500万円を確保している。特に、100頭以上層は4,000 ～ 5,000万円を達成するなど、15 ～ 20年の6年間は

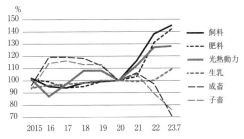

図1　農村物価指数の推移（2020＝100）

資料：農村物価指数（農業物価統計調査）農林水産省

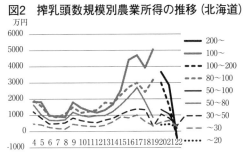

図2　搾乳頭数規模別農業所得の推移（北海道）

資料：「営農類型別統計」

酪農バブルと称される期間だったと言えよう（荒木 2019）。それが22年には一気にマイナス53万円（筆者の推計値）になるなど、酪農家経済は急降下を辿った。

　以上の所得変化の内容を、21年と22年の酪農経営の経営収支の変化から見たのが**表1**である。ただし、22年の政府統計は23年末に公表されるため、筆者の推計値である（荒木 2023）。22年の農業粗収入については、21年に比べ411万円の乳牛個体販売の減収がある一方、農業経営費については飼料費578万円と肥料費66万円、動力光熱費43万円などのそれぞれの増加によって計692万円増加している。その結果、農業所得は前年比1,103万円減のマイナス53万円になり、北海道の酪農は経営的には成り立っていないことになる。

　では、全ての酪農家がそうであろうか。搾乳牛頭数規模別の農業所得の21年と22年の変化をみると（筆者推計値）、200頭以上層では2,853万円からマ

表1 道酪農家と放牧農家の経営収支及び経営概況（2022）（万円）

		北海道平均			小規模放牧農家		
		21年	22年推計	増減額22-21	21年	22年推計	増減額22-21
粗収入	生乳	6,562	6,562	0	1,891	1,946	55
	個体販売	1,094	683	-411	515	362	-153
	他	1,327	1,327	0	475	419	-56
	合計	8,983	8,572	-445	2,881	2,727	-154
農業経営費	肥料費	258	324	66	51	51	0
	飼料費	3,140	3,718	578	572	547	-25
	動力光熱費	330	373	43	136	113	-23
	減価償却費	1,209	1,209	0	320	331	11
	荷造運賃手数料	827	827	0	226	213	-13
	他	2,169	2,174	5	658	582	-76
	合計	7,933	8,625	692	1,963	1,837	-126
農業所得		1,050	-87	-1,137	918	890	-28
生乳生産量（トン）		670			195		
搾乳牛頭数（頭）		82			32		
農地面積（ha）		57.5			44		
飼料自給率（%）		50.3			78		

資料：荒木「小規模放牧経営は飼高の影響少なく前年並み所得を確保」
DAIRYMAN2023-2
放牧農家は聞き取りによる。道平均は「2021年営農類型別経営統計」

イナス421万円に、100〜200頭では1,578万円からマイナス427万円に、大規模層ほど落ち込みが激しい。一方、中小規模層の22年所得は、20頭以下（261万円）、20〜30頭（282万円）、30〜50頭（336万円）と黒字である。

　さらに経営方式の観点から見ると、**表1**の右側の小規模放牧酪農家（4戸）の22年の農業所得は前年に比べ28万円減の890万円である。農業粗収入のうち個体販売が154万円減少になるものの、農業経営費は126万円の減少で資材高騰の影響を受けていない。これは飼料自給率が高いため飼料費の増加が見られなかったことによる。出荷乳量、経産牛頭数、経営耕地面積、飼料自給率は道平均では670トン、82頭、57.5ha、50％に対し、放牧農家平均は、195トン、32頭、44ha、78％である。こうした資材価格高騰下において小規模放牧酪農経営は北海道の一般的酪農家よりも良好な経営状況にあることを実証している。

第2節　NZの放牧酪農から学ぶ

1．日本とNZのコスト比較

　日本とNZの酪農の競争力の違いを**図3**の生乳生産量および農家数（農場数）の推移からみることができる。1980年に対する2020年の両国の変化を見ると、生乳生産量は日本の114％に対し、NZは352％、農家数（農場数）は日本の12％に対し、NZは65％であり、日本の停滞とNZの伸長が対照的である。

　そこで、日本がNZから学ぶ第一は、NZの全ての酪農場が経営方式として採用している放牧である。放牧酪農は低コストで競争力の観点からも優れている。**表2**は日本（北海道）とNZの費用合計（地代や資本利子を含まない費用総額）で見たコスト比較

図3　日本とNZの生乳生産量と農家数の推移

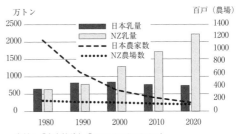

資料：「畜産統計」「NZ Dairy Statistics」

表2　日本とNZの生乳コスト比較（2014年）

費目	北海道①	NZ②	差引③＝①-②
家畜管理・飼養費	1.29	0.57	0.72
飼料費	37.35	10.7	26.65
光熱水料動力費	2.7	0.43	2.27
獣医・医薬品	2.61	1.19	1.42
賃借料・料金	1.68	0.28	1.4
建物・車・農機具	2.74	2.96	− 0.22
税・公課所負担	1.26	0.52	0.74
生産管理費	0.18	0.58	− 0.4
労賃	15.6	5.1	10.5
減価償却費	14.78	2.15	12.63
他	1.16	1.32	− 0.16
費用合計	81.35	25.80	55.55
生乳生産量（トン）	587	1,814	− 1,227
搾乳牛頭数（頭）	72.3	296	− 223.7
農地面積（ha）	56.7	145.5	− 88.8

資料：荒木「水稲作、小麦作、酪農、肥育素牛生産における国際競争力の比較分析に基づく今後の技術開発方向の提示」国立研究開発法人農業・食品産業技術総合研究機構、2016

注：NZの乳脂肪分は5.0％（NZDairyStatistics）を乳脂肪分3.5％で調整。1NZ$=76円で換算

である。日本の81.35円に対しNZは25.8円であり3倍以上の競争力格差が存在する。具体的な費用を生乳1kg当たりで日本とNZを比較すると、飼料費で37.35円対10.7円、減価償却費で14.78円対2.15円、労賃15.6円対5.1円である。したがって、両国間で飼料で26.65円、減価償却費で12.63円、労賃で10.5円

の差が生じ、この3つの費目の合計は49.78円であり、費用合計の差55.55円の90%を占めている。

2．なぜNZは飼料費が少ないのか

コスト格差の要因を比較したのが**図4**である。飼料費については、日本（北海道）は輸入穀物（配合飼料）を多給しているのに対し、NZは放牧による牧草が主体である。NZの放牧は、季節繁殖と集約放牧で成り立っ

図4　コスト格差の直接的要因

		北海道	NZ
飼料費	48%	穀物多給	牧草主体＝集約放牧
労賃	19%	通年舎飼い	通年放牧
減価償却費	23%	牛舎・糞尿処理施設 農業機械多 乳牛高価格・短命	全国Mパーラ コントラクター展開機械少 乳牛低価格・長命

資料：表2から筆者作成

ている。季節繁殖は野生動物と同様、春からの牧草の生長に合わせた生乳生産の方式である。そのため、8月上旬（NZは南半球にあるため日本とは季節が反対）から全国一斉に分娩が始まり、翌年の4月下旬の晩秋には乾乳期を迎える。冬期には酪農家も耕種部門と同様冬休みとなり乳製品工場も休業する。

集約放牧は、1日1牧区の輪換放牧を行い、牧草を短く利用することでタンパク含量の高い高栄養が摂取でき、かつ栄養価の高いクローバーなどの短草も繁茂する（日本は栄養価の低い繊維分の多い長い草丈の採草利用を行うことが一般的である）。そのため、NZでは価格の高い穀物などの濃厚飼料利用が少ないことが飼料費を少なくしている。

3．なぜNZは減価償却費と労働費が少ないのか

コスト格差の主要因である減価償却費と労働費が少ない理由を**図5**から詳しく見てみる。図は、放牧と舎飼いの作業工程を合体させてものである。中心部は放牧の作業工程を示していると同時に、牛が草を採食し、糞尿を草地に排せつし土に還元する物質循環も示している。一方、通年舎飼いの場合は、牧草の収穫を機械で行い、それをサイロなどで貯蔵する。貯蔵牧草の給与は、

図5　酪農における循環と作業工程と主な機械施設

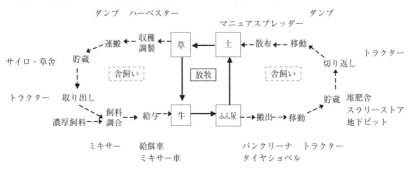

引用：荒木『放牧酪農の展開を求めて』(2012)

人手や機械を使って行う。同様に、牛舎で排泄された糞尿についても機械や人手で貯留施設に搬入・保管し、さらにそれを取り出して草地に機械で散布する。そのため多くの機械、施設が必要とされ、同時に多くの労働力と化石エネルギーが消費されコストを高くする。一方、放牧の作業工程は非常にシンプルであり、通年舎飼いの大部分を占める作業を牛が自分で行うことから人間の作業量は少なくなる。

　これらのことから、労賃については日本は通年舎飼いのため、給餌、除糞などの作業が多いのに対し、NZでは通年放牧のため牛舎作業はない。減価償却費については、日本では牛舎、サイロ、糞尿貯蔵施設などの建物、構築物のほか、自給飼料の収穫、調製機械や糞尿処理機械など多数保有している。また、搾乳牛の寿命が短いことも減価償却費を多くしている。一方、NZでは放牧主体のため牧草収穫・調製機械は少なく、また、利用頻度の少ない機械はコントラクターに作業委託していることから所有されていない。

４．日本とNZ酪農の利益構造

　日本は**図6**に見るように高投入型酪農であり建物、施設、機械などの固定費が多い上に、飼料穀物を多給しているため変動費が多い。そのため損益分岐点は高く（21年損益分岐点）利益が出にくい経営構造になっている。さら

図6　北海道とニュージーランドの酪農経営の利益構造

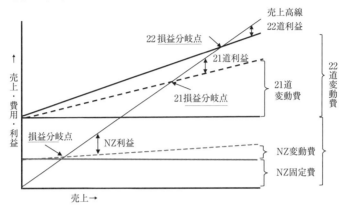

に飼料や肥料の価格高騰が変動費を押し上げたことで損益分岐点が高くなり（22年損益分岐点）、北海道平均は赤字になっている。

　一方、NZは低投入型酪農であるため固定費、変動費が少なく利益が出やすい経営構造になっている。日本は低投入型の経営構造に変えない限り、外部経済の変動によって経営危機を絶えず招くことになる。

第3節　NZの経営継承システムから学ぶ

　日本が学ぶ第2の点は経営継承である。日本の酪農経営の継承は一子無償相続である。近年、新規就農者が増えたものの、親農場の継承が主流である。一方、NZでは親子間の農場の無償譲渡は禁じられている。そのため、技術力、経済力、信用力のある有能な後継者でなければ農場を継ぐことはできない。その一方で、能力があれば誰でも酪農に参入できる。第8章でみたように、新規参入者はファームアシスタント（見習い）からスタートして、ハードマネージャー（牛群管理者）、ファームマネージャー（農場管理者）、コントラクトミルカー（契約搾乳者）、シェアミルカー（共同経営者）とステップアップし、最終ゴールのオーナー・オペレーター（家族経営）に到達する。オーナーオペレーターは、多くが年齢が50歳を超えると搾乳作業から離れ、

表3　NZ における経営者のポジションと経歴

農場		No. 1	No. 2	No. 3	No. 4	No. 5	No. 6
ポジション		オーナー	オーナーオペレーター	オーナーオペレーター	シェアミルカー	オーナー	シェアミルカー
年齢		53	57	39	52	56	57
過去のポジション	シェアミルカー	3	4	1	2	4	
	コントラクトミルカー				1		
	マネージャー	1		3			
	ハードマネージャー	1					
	他ワーカー		1	2	1		1
	他職業			○	○		
学歴		大学	NA	大学	大学	大学	ポリテク

資料：聞き取りによる（2016）

オーナー（農場主）として農地と搾乳施設をシェアミルカーに提供しシェアミルカー農場として共同経営を行う。シェアミルカーは、自分の労働力と乳牛、農業機械を農場に持ち込み農場を運営し、利益をオーナーと折半する（基本は50％取得であるが、様々な配分比率がある）（荒木 2003）。2019/20年の全農場11,179に占める家族農場は56％、シェアミルカー農場は29％、コントラクトミルカー農場は14％である。NZの酪農経営はサラリーマン社会と同様、厳しい競争社会の中で営まれていると言えよう。

　表3は、NZの農場運営者の現在のポジションと過去のポジションを見たものである。現在のポジションは、オーナーとオーナーオペレーター及びシェアミルカーである。経歴をみると、殆どがシェアミルカーやマネージャーなどを複数経験している。学歴は大学卒が多い（NZでは8国立大学のみで大卒は少ない）。NZにおける酪農従事者の性格が大きく変わるのは、まずワーカーからシェアミルカーへのステップアップ、さらに家族経営者にステップアップする二つの段階である。ワーカーは資産の所有はないが、シェアミルカーは乳牛と機械の所有を行い、さらにオーナーオペレーター（家族経営）は農地の所有が加わる。

　一方、日本の新規就農者の場合、新規就農者のための研修牧場での研修生、牧場での労働者（実習生）や搾乳労働者である酪農ヘルパーを経験して新規就農を果たし家族経営となる。酪農労働者から一気に家族経営者にステップアップすることになる。そのため、新規就農者にとっての農場取得は大きな

負担となり、特に取得する農場が大きいほど負担は増大する。新規就農者を増やすためには、新規就農希望者のハードルを下げてNZのシェアミルカーのような中間段階の家族経営予備軍のポジションの設置が求められよう。

第4節　離農地を誰が所有するのか

1. 日本における耕作放棄地問題

NZにおける酪農場の継承は、売買によって行われる。農場（農地）の需要が大きいため、経済力のある酪農者や法人が取得するため農場が遊休して耕作放棄地が生じることはない。

一方、日本では地域によって農地の引き受け手がいないことで耕作放棄地が発生しており、今回の酪農危機では北海道の酪農地帯でも発生することが懸念されている。その理由は、大規模酪農場の離農が生じた場合、畜舎や施設の資産価値が増大しているため、新規就農者はもちろん億単位の農場の引き受け手がいなくなっている。そのため、これらの離農農場の利用が問題となる。筆者は、北海道の苫小牧市東部に広がる1万ヘクタールの未利用地の利用について1998年に朝日新聞「論壇」で次のような提案を行っている。

「第一に、北海道農業の主柱である酪農は、大胆な構造改革と農法変革を行わない限り、これからの世界農産物競争の時代には存続が危ぶまれている。日本の生乳生産コストは世界で最も高く、日本への乳製品の最大の輸出国であるニュージーランド（NZ）の3倍以上の水準にある。日本では分散した農地を利用し、通年、畜舎で牛を飼養し、「穀物多給、資本（施設・機械・建物）の多投、労働多投」の資源多用型の生産スタイルをとっているため、糞尿処理や労働過重、負債累積、後継者不足などの問題が噴出している。一方、NZは一つにまとまった農場を利用し、放牧草を主体に牛を最大限に動かすことで、機械や労働、エネルギーを節約する資源節約型の生産スタイルである。NZと同じ放牧草利用の北海道では、NZ型酪農を参考に「北海道型

の低コスト酪農」を確立することが可能である。そのために、全国に普及するためのモデル酪農場が必要となる。

　第二に、全国で年々増加している耕作放棄地の活用を図るには、畜産の放牧利用しか考えられない。耕作が難しい傾斜地や不整形な農地でも家畜による放牧利用は可能である。中山間地で行われている水田の基盤整備事業は耕作放棄地を減らすためには有効であるが、膨大な額の公共投資が必要で、財政赤字の一因となっている。モデル酪農場での集約放牧の実践は、全国の中山間地域の農地利用の参考になるだろう。（中略）

　モデル農場の運営主体は、現在の債務を整理した上で、自己責任を持った株式会社方式が考えられる。また、道農業開発公社や酪農地帯の単位農協の連合組織も考えられる。（中略）

　苫東用地は農地でないため株式会社も自由に事業展開ができる。株式会社が土地投機への反省に立って、苫東で農業生産事業を展開することは、社会に実績を示すチャンスになろう。NZではリース酪農場方式の農業投資株式会社が急成長している。」（荒木 1998）。

　1998年当時は、農地法の規制により企業の農地取得は認められていなかった。しかし、2013年末の国家戦略特区法の成立を受け、農地法の特例として兵庫県養父市において企業の農地所有が認められてきたが、2023年9月1日の改正構造改革特区法施行により、全国で一般企業が農地を所有できるようになった。ただし改正法は全国の自治体が地域の農地利用構想である地域計画に当該企業を位置付け国に申請するもので、認定後は利用状況が厳しくチェックされる[1]。

　農地は農家による所有がベストである。しかし、耕作放棄地が発生し、周辺の農家や農協などで農地の管理ができない場合には企業の力を借りなければならない。その場合、別々の企業が酪農場を運営することには限界がある。酪農就業者の育成から始めるなど酪農場の運営のノウハウなどを確立しなければならないからだ。

２．NZにおける投資会社による牧場運営

　そこでNZの投資会社のタスマン農業会社が参考になる。1988年に設立された投資会社で96/97年には、NZ南島で69の農場とオーストラリアのタスマニア島で23の農場を運営し、所有面積は１万7,651ha、総生産量は生乳換算で18万8,199トンを記録した。

　タスマン農業会社は、南島で経営が悪化しためん羊牧場を買収し酪農場に転換（コンバージョン）してきた。コンバージョンには、搾乳場他施設や住宅および井戸を含めた灌漑施設（南島は乾燥地帯）が必要で１農場当たり平均１億４千万円（当時）が投入された。買収された酪農場もあるが、コンバージョン農場は南島の69農場のうち57農場である。

　それらの農場は全て50％－50％のシェアミルカー農場で、全国から優秀なシェアミルカーを募集して３年間の契約を結び、それらの農場については徹底した管理（生産、財務など）を行う。生乳生産が計画を下回る場合には徹底した技術援助や経営指導が行われる。しかし、シェアミルカーの草地管理や建物管理が悪い場合、生乳生産が計画を大きく下回る場合には、契約更新の中止が行われる。

　しかし、タスマン農業会社は2000年には急遽NZにある酪農場は全て会社所属のシェアミルカーなどに売却している。投資会社ゆえの行動で、農場価値が上昇したことで売却し、その後はそれまでの酪農場建設や運営で培ったノウハウを生かして総合サービス会社に転換している（荒木 2003）。

　今後、北海道を中心に離農が多く発生した場合、高額投資を行った農場の保全のためにはタスマン農業会社のような多数の農場を運営するシステムが必要になってこよう。ただし、現在の北海道の主流になっている工場型畜産のメガファームの生産システムでは、飼料穀物多給のため経営危機を一層深刻化させるだけである。そのため、草地基盤を活用した放牧酪農でなければならない。

第5節　SDGsをリードするニュージーランドから学ぶ

1．SDGsと日本酪農の課題

　日本の酪農は、酪農先進国がすすめる持続型酪農の取り組みには遅れを取っている。第一に飼料穀物多給型酪農は、物質循環に反する経営方式である。大量の海外からの飼料の輸入はSDGsのゴール（以下G）12（つくる責任、つかう責任）のターゲット（以下T）12.4（化学物質や廃棄物の大気、水、土壌への放出を大幅削減）や、G15（陸の豊かさを守ろう）のT15.1（森林、湿地、山地、乾燥地など陸域生態系と内陸淡水生態系の保全、回復、持続可能な利用の確保）に反する。

　第二に飼料穀物の輸入は、船舶による輸送だけでなく、国内においても港湾から内陸の酪農場へのトラック輸送が行われ大量のCO_2を発生させ、G13（気候変動に具体的な対策を）に逆行している。

　第三に飼料に使われるトウモロコシは人間の食料にもなり、経済力のある日本が経済力のない発展途上国からトウモロコシを「横取り」することによって飢餓の発生を招くことになり、G2（飢餓をゼロに）のT2.1（飢餓の撲滅）に反する。

　第四に現在の酪農経営は飼料などの外部経済に依存していることから、資材価格の高騰による所得の低下を招いており、G2.4（自活農業者の所得向上）に反する。

　以上の直接的なSDGsの観点以外にも問題を抱えている。それは酪農の中心となるべき乳牛の位置づけである。SDGsが「人間中心主義」と批判されていることから乳牛などの家畜の存在が欠落しているからである（小林2019）。そのため酪農先進国ではアニマルウェルフェアによってカバーしている。

　日本の酪農は乳牛の生産性（乳量）を追求するあまり、草食動物という動物の特性を無視して穀物を多給し、疾病の多発と短命を招いてきた。我々人

類のために自らの命を犠牲に食料を提供してくれる家畜への尊厳が失われて
きているのが今日の酪農であろう。一方、米国を中心として取り組まれてい
るワンヘルス（人、動物、環境の相互関係を認識し、それぞれの最善の健康
状態の実現を目的とする協力的、包括的、分野横断的なアプローチ）の観点
からも乳牛の飼養環境の改善が求められている（戸上 2021）。

　世界的な持続可能な取り組みの流れを受けて日本の酪農業界でも取り組み
が始まった。日本の酪農・乳業団体の集まりであるJミルクは2019年10月に
「酪農乳業戦略ビジョン」を打ち出した。この酪農乳業の取り組みについて、
「わが国の農業及び食品産業の中で、突出して先取りした動きである」と評
価がされている（前田 2022）。しかし、そこでの基本計画の柱は、「成長性」、
「強靭性」、「社会性」であり、基本的には2030年度の生乳生産目標を793万ト
ン（最大）とするなど酪農産業の成長が謳われ、従来の政府の酪肉近の成長
戦略の域を出ていない[4]。第１章で紹介した欧米各国の酪農業界の持続的酪
農の取り組みに比べ遅れを取っている。そこでNZの取り組みを参考にしたい。

２．SDGsをリードするニュージーランド酪農からいかに学ぶか

　NZの酪農は第１章でみたように政府主導ではなく民間主導である。NZ最
大の乳業メーカーであるフォンテラの正式名称はフォンテラ酪農協同組合
（Fonterra Co-operative Group limited）であり、酪農家の集まりである農
業協同組合が経営し、全ての酪農家が会社の株主である。そのため酪農家が
フォンテラに生乳を出荷し、そこで乳製品が製造され販売されるため、酪農
家と乳業会社が一体となった会社組織である。一方、日本の場合には、酪農
家が農協を通して生乳を乳業会社に販売するものの、農家のグループである
農協と乳業会社は別組織である。例外として、よつ葉（よつ葉乳業株式会
社）など農協グループが運営する乳業会社も存在するが、NZのように乳業
会社の経営と農家経済は連動していない。

　フォンテラはNZ国内の生乳生産の80％を集乳しており、酪農家と乳業が
一体となり迅速な意思決定が行われ、持続可能性への取組にも表れている。

表 4　フォンテラ社の持続可能な運営への取組内容

テーマ	内容	SDGs ゴール
健全な人々	栄養と健康	G2
	食品の安全性	G3
	安全衛生と福祉	G5
	労働者の権利	G8
	地域社会への支援	
健全な環境	土地と水	G6
	気候変動	G12
	パッケージと廃棄物	G13
	動物の健康と福祉	G14
	拠点の運営管理	G15
健全な ビジネス	雇用と持続可能な所得の創出	G1
	酪農家との取り組み	G2
	責任ある調達活動	G8
	倫理的なビジネス慣行	

資料：「サステナビリティパフォーマンスレポート 2021」

　フォンテラの持続可能性への取組は、毎年「サステナビリティ・レポート（Fonterra Sustainability Report）」として報告され、すでに第 3 章で紹介されている。ここでは「サステナビリティ・パフォーマンスレポート2021」から紹介する。

　表 4 は、その内容をまとめたもので、大きく「健康な人々」、「健全な環境」、「健全なビジネス」で構成される。第一の「健康な人々」の細目「栄養と健康」では、消費者の健康のために牛乳の持つ栄養の価値とともにフォンテラが提供する乳製品の特徴および「持続可能な栄養」に関する研究が紹介されている。「食品の安全性と品質」では、フォンテラは製造拠点の95％が第三者機関から食品安全管理システムの認証を受けている。消費者が入手する製品の完全なトレーサビリティ・システムによって、NZの生乳供給元の99％以上が数分以内に追跡できるレベルまでになっている。「安全衛生と福祉」では、フォンテラ社員の健康、安全、福祉の継続的な改善が行われている。「労働者の権利」では、会社の発展を支える従業員の異なる意見や視点の尊重と従業員へのスキルアップのために育成投資を行っている。「地域社会への支援」では、NZの1,300以上の学校への18万食以上の朝食提供を10年以上行われている。また、フードバンク活動の支援を行うことで良質乳製品の提

供や食品廃棄物の削減に貢献している、などの報告が行われている。

第二の「健全な環境」においては、まず「土地と水」では、フォンテラが酪農家に対して増加する環境規制への対応として水、土壌の健康、生物多様性の取り組みに認定される「Good Farming Practices（優良酪農実践）」の支援を行っている。また工場での水使用量の削減や再利用、廃水処理の改善が取り組まれている。「気候変動」では、NZは世界のGHG排出量の0.16％を占め、そのうち約90％を農場関連活動が占めている。その大部分を占めるメタンガスの削減のための研究支援が行われている。例えば、独自の乳酸菌の利用や海藻の一種のカギケノリの補助飼料の給与試験、メタンワクチンなどの利用による削減試験などへの支援である。また、乳製品製造段階でのエネルギー効率の改善やボイラー燃料の石炭から木材ペレットへの切り替えが行われている。さらに、パッケージのリサイクルなど廃棄物の削減の取組も行われている。「動物の健康と福祉」では、「すべての動物がその生涯を通じて大切にされ、敬意と配慮を持って扱われること」の観点から、フォンテラではCared for Cows Standard（乳牛の健康と福祉に関する基準）を開発し、農場での動物福祉を評価・管理するプロセスを策定し、消費者に対して家畜福祉食品の証明がなされることで商品に新たな価値を加えている。

第三の「健全なビジネス」においては、協同組合の原点が株主酪農家に持続可能な利益を提供することである。その一方で、酪農家に対して『供給に関する取引条件』と『酪農家ハンドブック』を提供して、環境、動物の健康と福祉、バイオセキュリティ、食品の安全と品質に関する基準を示している。「責任ある調達活動」ではフォンテラの生乳以外の調達について、供給者の評価の2段階アプローチの開発を行っている。サプライチェーンの中で、最も多く扱われる原材料がパーム製品で、パーム核粕（PKE）は酪農家の輸入飼料である。そこでパーム製品製造業者に対して、「森林破壊ゼロ、泥炭地開発ゼロ、搾取ゼロ」宣言に見合うプロセスの設定を要求している。「倫理的なビジネス慣行」では、「私たちは、正直さ、誠実さ、透明性を備えた行動を通じて、信頼と永続的な関係を築けるような事業活動に力を注いでい

る」として法令遵守、腐敗防止、責任ある政治行動、税に対する原則に基づくアプローチが取り組まれている。

　以上に見るように、NZのフォンテラを中心とする持続可能性への具体的取組が行われ毎年、報告書が出されており、日本の酪農業界は早急にフォンテラの高いレベルの持続可能な取り組みを参考にすべきであろう。

3.　日本が取るべき持続可能な酪農への道

　日本の酪農政策は「酪肉近」（酪農及び肉用牛生産の近代化を図るための基本方針）から「みどり戦略」（みどりの食料システム戦略）に大きく舵をきった。それは世界的な地球温暖化対策の流れを受けて日本政府はカーボンニュートラルへの大方針を打ち出したためである。これまで酪肉近では「大規模な法人経営が牽引する」とし、「畜産クラスター事業等、これまで講じてきた体質強化策により着実に規模拡大が進む」としてメガファームを推進してきた。また、「乳用牛の生産性の向上」を目的として穀物多給・高泌乳牛型酪農を目指してきた[2]。酪肉近でも持続的な経営の実現の項目で放牧やアニマルウェルフェアについても触れているものの、みどり戦略では「持続的な畜産物生産」として、放牧や薬剤耐性菌対策、アニマルウェルフェアなど推進している[3]。こうした畜産・酪農政策の転換に加え、22年から始まった飼料などの資材価格高騰や乳牛個体価格など下落が酪農の経営環境が悪化している。そこで日本の酪農は経営方式の大きな転換が求められている。

　NZ酪農は、すでに見たように健康な人々、健全な環境、健全なビジネスを柱としている。消費者や酪農家、乳業会社で働く人々の健康、乳牛の健康、環境の保全、乳製品販売による持続的な利益獲得を遂行している。健康・健全であることは生産・製造・取引の持続性を意味し、そのためフォンテラでは、「サステナビリティパフォーマンス」に取り組んできた。

　こうした持続可能性への目立った取り組みは日本において見られない。これまで日本の酪農においても「良い土－良い草－良い牛」という言葉が生産現場で使われてきた。良いは健康と同義である。しかし、メガファームでは

飼料穀物多給によって大量の糞尿が排出し物質循環を無視した酪農が行われてきたことで、健康な循環が失われてきた。土、草、牛の結びつきがバラバラになったからである。そこで日本においては酪農の原点に立ち返り、土、草、牛の健康な関係を取り戻し、環境に配慮した持続可能な酪農への転換を図らなければならない。

注
1）「企業の農地取得全国で」日本農業新聞、2023.9.2
2）「酪農及び肉用牛生産の近代化を図るための基本方針」（令和2年3月）農林水産省
3）「みどりの食料システム戦略」（令和3年5月）、「中間とりまとめ・持続的な畜産物生産の在り方検討会」（令和3年6月）農林水産省発表
4）「提言　力強く成長し信頼される持続可能な産業を目指して」Jミルク、2019年10月

引用文献
〔1〕荒木和秋（1998）「苫東をリース制モデル酪農場に」『朝日新聞　論壇』1998.9.28
〔2〕荒木和秋（2003）『世界を制覇するニュージーランド酪農』デーリィマン社
〔3〕荒木和秋（2019）「個体価格50％・乳価10円減で100頭以上層は所得激減」DARYMAN2019.10
〔4〕荒木和秋（2023）「小規模放牧経営は餌高の影響少なく前年並み所得を確保」DARYMAN2023.2
〔5〕小林　光（2019）「環境政策の理念の進化とSDGsの意義」『BIOCITY』株式会社ブックエンド
〔6〕戸上絵里（2021）「コロナ時代に必要なワンヘルス・アプローチとは」『ポスト新自由主義のビジョン』共生社会システム研究Vol.15 No1 共生システム学会
〔7〕フォンテラ酪農協同組合（2022）「サウテナビリティ・パフォーマンスレポート2021」
〔8〕前田浩史（2022）「SDGs時代の酪農乳業戦略ビジョン」『農村と都市をむすぶ』2022.1

あとがき

　持続可能性とは再生産の維持ないしは拡大である。私は、日本における酪農の再生産の構造について、自然的再生産、経済的再生産で構成される酪農経営の再生産、さらに地域的、産業的、国家的の各再生産に加え、環境・生態系保全を提案した（『よみがえる酪農のまち　足寄町放牧酪農物語』）。

　自然的再生産は、昔から「よい土－よい草－よい牛」という肥沃な土、嗜好性の高い栄養分のある草、健康で多くの乳を出す乳牛の関係を確保することが酪農経営の基本とされた。そこでは当然、収益（利益）が確保される経済的再生産が不可欠である。しかし、時代の変遷で、たとえ経済的に恵まれても年中無休の酪農は若者に敬遠され、嫁不足、後継者不足、離婚問題が表面化し、後継者が居なくなるという経営的再生産が問題となってきた。NZでは全国一律の季節繁殖によって冬期間の搾乳がなく、そのため長期休暇が保障され家族生活の再生産が守られている。

　日本では農家戸数が減少し、学校、病院、交通機関、商店などの社会的インフラが衰退し、社会生活が厳しくなり、さらに戸数減少を招くという悪循環に陥ることで地域的再生産が難しくなっている。NZではシェアミルキングシステムによって絶えず若者が酪農に参入し地域の再生産が確保されている。乳業などの産業的再生産も海外資本の参入で活気づいている。

　現在、持続可能性で最も重要な環境・生態系の保全は、国際的な政治課題となってきた。NZでの環境問題は、国家から地域へ、さらに農家レベルへと細分化した取り組みが進んでいる。

　日本が参考とすべき点がNZに多々あるにもかかわらず日本は受け入れてこなかった。それは政府の手厚い支援のもと経済的再生産が保障され、それに加え生産資材や生産手段の既得権益が存在してきたが、輸入飼料の高騰はその範囲を大きく超えて農家の経済的再生産を危うくしている。

　NZの放牧・季節繁殖に対してある農業団体のトップは、「寒冷地では放牧は難しく生乳生産が激減する」とあたかも明日にでも全ての酪農家が放牧転

換すると生乳の確保ができなくなると、NZの生産システムを否定してきた。

しかし、日本の酪農家が生き残り、地域が活気を帯び、酪農産業が存続し、環境・生態系保全という日本酪農の持続可能性のためにはNZの優れた取り組みに学ぶ必要性があることを本著は示したと言えよう。

本書の計画に賛同をいただいた多くの執筆者には早くから原稿をいただいたものの2年余りの時間が過ぎ、数値の更新などご迷惑をおかけした。筑波書房鶴見治彦社長には辛抱強く対応していただいた。本書刊行のきっかけは、2017年末に酪農学園大学で開催したNZ農業貿易特使のマイク・ピーターセン氏の講演である。多くの学生が参加し、氏の話に興味を持ちNZを訪問した学生も出てきた。フォンテラジャパン、タツアジャパンにも執筆協力をお願いした。また、海外の畜産について豊富な情報を持つ（独）農畜産業振興機構にもお願いした。これまで日本では紹介されてこなかった電気柵についてもサージミヤワキ社の宮脇豊社長にお願いした。NZ・北海道プロジェクト酪農協力プロジェクトの成果は天塩町酪農家、高原弘雄さんがまとめてくれた。

他の部分は、編者が2017年までに集めた現地調査のデータや、その後の統計分析を掲載した。前著の『世界を制覇するニュージーランド酪農』を出版して丁度20年になるが、急速な成長のためその弊害である環境問題が生じ、国をあげた環境対策への取り組みが行われている。

NZは、かつては「世界一の高度福祉国家」として知られ、多くの社会福祉関係者や研究者を引き付けてきた。しかし経済の落ち込みや行財政改革で後退したものの、高いレベルの制度や精神は今も残っている。行財政改革は、現世代のツケを後世代に回さないという国民の健全な精神の総意でもあった。持続的な社会の可能性を追求するNZは、酪農、食品産業、教育、社会福祉、財政など広い分野で研究者の興味が絶えることのない国でもある。

本著作成にあたっては酪農学園大学および星野仏方教授に執筆の場を提供いただいたことに感謝申し上げます。

荒木和秋（2024年2月末日）

執筆者紹介（肩書きなど、執筆順）

荒木　和秋　Kazuaki Araki　酪農学園大学名誉教授
　　北海道立農業・畜産試験場を経て1986年から酪農学園大学勤務。1997年NZリン
　　カー大学客員研究員（１年間）。2017年から現職。著書に『世界を制覇する
　　ニュージーランド酪農』。（第１章、第６章、第８章、第９章、第10章）

マイク・ピーターセン　Mike Petersen　肉牛牧場経営, ANZCO・Foods、Kelso
　　Genetics 他　複数の企業の会長、社外取締役、元NZ政府農業貿易特使（2013〜
　　19）、ビーフ・アンド・ラム・NZ会長（2003〜14）、NZ・ミート・ボード会長
　　（2003 〜 14）
　　「ホークスベイ・ファーマー・オブ・ジ・イヤー（2001）」、「ナショナルFGM
　　ルーラクル・エクセレンス・アワード（2003）」を受賞、（第２章）

松山　将卓　Masataka Matsuyama　フォンテラジャパン株式会社　経営企画部マ
　　ネージャー
　　フォンテラジャパン株式会社入社後、営業本部を経て2018年より経営企画部マ
　　ネージャー、フォンテラのサステナビリティやNZ産グラスフェッド乳製品など
　　の日本における普及活動を中心とした業務に従事。（第３章）

諏訪　茂　Shigeru Suwa　フォンテラジャパン株式会社　経営企画部コンサルタン
　　ト
　　NZの乳製品輸入販売に40年以上携わり、フォンテラジャパン株式会社の定年を
　　機に、2014年からニュージーランド北海道酪農協力プロジェクトを担当。（第３
　　章）

ティム・ウィンター　Tim Winter　タツア協同酪農株式会社　戦略プロジェクト
　　担当ジェネラルマネージャー　B.Sc.（Tech），AMP（INSEAD）2001年タツア
　　入社、北アジアのビジネス開発マネージャー、スペシャルティニュートリショ
　　ナル部門、バイオニュートリエント部門の事業部長、商業・技術開発マネー
　　ジャー（第４章）

大塚　健太郎　Kentaro Ohtsuka　独立行政法人　農畜産業振興機構（第５章）

井田　俊二　Syunji Ida　独立行政法人　農畜産業振興機構（第５章）

宮脇　豊　Yutaka Miyawaki　サージミヤワキ株式会社代表取締役
　　日本電気さく協議会会長、電気さく電源装置JIS規格の委員を歴任。NZ電気柵
　　メーカー・ガラガー社の日本総代理店（50年）。草地畜産種子協会・農水省での
　　放牧講師、NZ型集約放牧の普及に尽力。季節分娩普及促進のためのプロジェス
　　テロン除法デバイスの薬事承認取得、NZ乳牛精液輸入に尽力。（第７章）

高原　弘雄　Mitsuo Takahara　天塩町酪農家
　　トヨタ自動車㈱勤務後就農、2014年からニュージーランド・北海道酪農協力プ
　　ロジェクトに参加（第９章）

持続可能な酪農をリードするニュージーランド

2024年5月10日　第1版第1刷発行

編著者　荒木　和秋
発行者　鶴見　治彦
発行所　筑波書房
　　　　東京都新宿区神楽坂2－16－5　〒162－0825
　　　　電話03（3267）8599
　　　　郵便振替00150－3－39715
　　　　http：／／www.tsukuba-shobo.co.jp

定価はカバーに示してあります

印刷／製本　中央精版印刷株式会社